Wie Maschinen lernen

Kristian Kersting ·
Christoph Lampert ·
Constantin Rothkopf
(Hrsg.)

Wie Maschinen lernen

Künstliche Intelligenz verständlich erklärt

Hrsg.
Kristian Kersting
Technische Universität Darmstadt
Darmstadt, Deutschland

Christoph Lampert
Institute of Science and Technology
Klosterneuburg, Österreich

Constantin Rothkopf
Technische Universität Darmstadt
Darmstadt, Deutschland

ISBN 978-3-658-26762-9   ISBN 978-3-658-26763-6   (eBook)
https://doi.org/10.1007/978-3-658-26763-6

Die Deutsche Nationalbibliothek verzeichnet diese Publikation in der Deutschen Nationalbibliografie; detaillierte bibliografische Daten sind im Internet über http://dnb.d-nb.de abrufbar.

Bildnachweis Umschlag: © Nanina Föhr.
Mit Abbildungen von Nanina Föhr.

Springer ist ein Imprint der eingetragenen Gesellschaft Springer Fachmedien Wiesbaden GmbH und ist ein Teil von Springer Nature.
Die Anschrift der Gesellschaft ist: Abraham-Lincoln-Str. 46, 65189 Wiesbaden, Germany

Geleitwort

Grußwort Matthias Kleiner, Präsident der Leibniz-Gemeinschaft und Vorsitzender des wissenschaftlichen Beirates der KI-Kompetenzzentren in Deutschland

Liebe Leserinnen und Leser – oder einfach: Dear All!

Ob es wohl stimmt, dass jedes Buch schließlich die Leserinnen und Leser findet, die es verdient? Für das vorliegende Buch hoffe ich, dass die Menge der Leserschaft rasch gen 100 % strebt – eben alle, einfach jede und jeder seine Leserinnen und Leser werden. Warum? Weil seine Inhalte alle angehen. Weil es sich zur Aufgabe gemacht hat, für alle zu sein. Das vorliegende Buch haben angehende Expertinnen und Experten für künstliche Intelligenz und maschinelles Lernen geschrieben, um beides zugänglich zu machen, um beides nicht nur in den Alltag des Nutzens und Benutzens, sondern in den Alltag des Verstehens zu rücken, um zu informieren, Schlagworte zu konkretisieren und Chancen und Risiken zu diskutieren – für mehr

Bewusstsein, mehr Entscheidungskompetenz und am Ende sicher auch für weniger Ängste und Hysterie.

Das ist gut, das ist wichtig. Denn im Verhältnis zwischen unserer Gesellschaft und künstlicher Intelligenz ist wissenschaftliche Sachlichkeit ebenso nötig wie umgekehrt beherzte Dialogbereitschaft wie die vorliegende dem Verhältnis von Gesellschaft und Wissenschaft wohl bekommt: Künstliche Intelligenz ist kein Wesen mit Eigenleben oder eigenständigen Vitalfunktionen, das jegliches menschliche Handeln übernehmen kann oder soll. Künstliche Intelligenz bezeichnet im Grunde genommen ein Bündel von Technologien, oder besser noch, Algorithmen, also Rechen- oder Handlungsanweisungen, die verschiedene Prozesse des Erschließens und Aneignens, des Anwendens und Transformierens, gerichtet auf bestimmte Funktionalitäten und Ergebnisse, umsetzen können.

Dem kommt eine gewisse Lisa – also eine junge Dame aus unserer Mitte – auf den folgenden Seiten mit, Dir, mit Euch, mit allen, liebe Leserinnen und Leser, auf die Spur. Viel Vergnügen!

Matthias Kleiner

Vorwort

Wir sehen sie vielleicht nicht, aber Künstliche Intelligenz
ist überall um uns herum. Sie hat längst unser Leben
erobert und hilft uns, den Alltag bequemer und besser
informiert zu gestalten. Sie hilft uns beim Suchen im
Internet, sie übersetzt uns im Urlaub die Straßenschil-
der, und sie erlaubt es uns, in natürlicher Sprache unser
Smartphone zu bedienen. KI, so die populäre Abkürzung
für Künstliche Intelligenz, ermöglicht es der Feuerwehr im
Notfall schneller durch den Verkehr zu kommen, sie hilft
der Landwirtschaft optimal zu düngen und zu säen, sie
verbessert Aussagen über den Klimawandel und sie hilft,
das Zusammenspiel von neuen Medikamenten mit tausenden möglicher Nebenwirkungen vorauszusagen. KI erlaubt
aber auch personalisierte Werbung im Internet, sie ermöglicht die rund-um-die-Uhr Kameraüberwachung von
öffentlichen Plätzen, und überhaupt übernimmt sie mehr
und mehr Tätigkeiten, die vorher Menschen vorbehalten
waren.

Diese Entwicklungen kann man begrüßen oder kritisieren, aber man sollte sie nicht ignorieren. Klar ist, dass mit der immer schnelleren Entwicklung solcher KI-Systeme auch das Potenzial wächst, dass der Alltag von Bürgerinnen und Bürgern massiv beeinträchtigt wird. Insofern überrascht es nicht, dass in den letzten Jahren eine öffentliche Debatte über die Auswirkungen von KI auf unsere Gesellschaft entstanden ist. Was passiert, wenn manche Staaten KI nutzen, um ihre Bürgerinnen und Bürger zu überwachen? Welche Informationen kann KI aus den Daten gewinnen, die große Konzerne über ihre Milliarden von Nutzern sammeln? Wie verändert KI die Kommunikation oder die Arbeitswelt? Welche Auswirkungen hat KI für jeden Einzelnen und für das Zusammenleben in der Gesellschaft? Welche Grenzen sollte es für KI geben?

Fassen wir zusammen: Künstliche Intelligenz ist die wohl spannendste Zukunftstechnologie unserer Zeit. Leider ist KI für viele unter uns ein Buch mit sieben Siegeln. Man hört Sensationsmeldungen in den Nachrichten oder im Internet, doch was verbirgt sich hinter den Schlagzeilen, was ist Wirklichkeit und was ist Fiktion? Um heute gemeinsam die Weichen dafür zu stellen, wie die Welt von morgen aussehen wird, braucht jeder ein grundlegendes Verständnis darüber, was KI ist und wie sie funktioniert. Nur so kann eine Diskussion stattfinden, die die ganze Gesellschaft erreicht.

Aufzuklären und einen bescheidenen Beitrag zur Öffnung der Diskussion zu leisten, das war auch unser Ziel, als wir vor gut zwei Jahren das wissenschaftliche Kolleg „Künstliche Intelligenz – Fakten, Chancen, Risiken" der Studienstiftung des deutschen Volkes ins Leben riefen – Danke für die Chance und die finanzielle und logistische Unterstützung an die Studienstiftung. In zahlreichen Treffen mit einer Gruppe von 25 Studierenden haben wir uns informiert, gestaunt, diskutiert und gelacht. In dem Buch, das Sie gerade in den Händen halten, präsentieren wir Ihnen unsere Ergebnisse: einen Einblick in den aktuellen Stand der Künstlichen Intelligenz, aufbereitet in allgemeinverständlicher Weise ohne zu viele technische Details, aber auch ohne zu starke Vereinfachungen, denn in ihrer Essenz sind die zugrunde liegenden Techniken bereits einfach genug.

Der Motor, welcher die moderne KI antreibt, ist das Konzept des maschinellen Lernens. Dieses erlaubt, Computern neue Fähigkeiten beizubringen, einfach indem man ihnen passende Daten zur Verfügung stellt. Statt vieler spezialisierter Verfahren benötigt man nur eine kleine Anzahl von Lernalgorithmen, von denen wir Ihnen die wichtigsten in diesem Buch vorstellen. Sie sind alles, was Sie wirklich wissen müssen, um zu verstehen, wie das maschinelle Lernen die Welt verändert. Weit entfernt von Esoterik und ganz abgesehen von ihrem Einsatz in Computern sind sie Antworten auf Fragen, die uns alle angehen: Wie lernen Maschinen? Wo liegen ihre Grenzen? Können wir dem, was Maschinen gelernt haben, wirklich vertrauen? Und wie lernen wir?

Diese und andere Fragen beantwortet die Heldin unseres Buches, Lisa. Die wahren Helden sind aber die Teilnehmerinnen und Teilnehmer des Kollegs. Ihr habt das Buch geschrieben. Ihr habt Lisa ins Leben gerufen und so nahbar und liebevoll gestaltet, wie wir das niemals geschafft hätten. Danke!

Darmstadt, Deutschland	Kristian Kersting
Wien, Österreich	Christoph Lampert
Darmstadt, Deutschland	Constantin Rothkopf

Inhaltsverzeichnis

Teil I

Grundlagen

1

Einleitung
Lassen Sie uns loslegen!

Jannik Kossen, Fabrizio Kuruc
und Maike Elisa Müller

Lisa und ihr Mitbewohner Max sitzen – wie jeden Tag – beim entspannten Sonntagsfrühstück in der Küche. „Glaubst du, die Menschen werden bald durch Roboter ersetzt?", fragt Max mit einer Zeitung in der Hand. Lisa verdreht die Augen: „Nein?!" Daraufhin streckt Max ihr den Zeitungsartikel entgegen: Ein Roboter mit roten Augen schaut Lisa direkt ins Gesicht und der Titel

J. Kossen (✉)
Universität Heidelberg, Heidelberg, aus Darmstadt, Deutschland
E-Mail: jannik.kossen@gmail.com

F. Kuruc
Buseck, Deutschland

M. E. Müller
TU Berlin, Berlin, Deutschland

© Springer Fachmedien Wiesbaden GmbH, ein Teil von Springer Nature 2019
K. Kersting et al. (Hrsg.), *Wie Maschinen lernen,*
https://doi.org/10.1007/978-3-658-26763-6_1

des Artikels lautet: „Sind wir bald alle überflüssig?" Lisa schweigt, Max redet weiter: „Aber was da gerade alles passiert: Künstliche Intelligenz, schlaue Algorithmen, Big Data und Digitalisierung. Davon lese ich zurzeit überall. Gerade hat eine künstliche Intelligenz in dem Brettspiel ‚Go' den besten menschlichen Spieler geschlagen, und bald haben wir selbstfahrende Autos auf den Straßen. Gibt es eigentlich irgendetwas, das künstliche Intelligenz *nicht* kann?" So ganz genau weiß das auch Lisa nicht. Aber irgendwie traut sie dem Braten nicht. Sie nimmt sich vor, herauszufinden, was hinter den Schlagzeilen steckt.

Was heißt es, wenn Maschinen lernen? Und wie kann Künstliches intelligent sein?

Oft denken wir an Roboter, selbstfahrende Autos und digitale Assistenten, wenn wir *künstliche Intelligenz* (KI) hören. Hinter künstlicher Intelligenz verbergen sich oft Methoden des sogenannten *maschinellen Lernens* (ML). Und tatsächlich begegnen uns diese „intelligenten" Methoden an vielen Stellen des Alltags. Eine der einfachsten Anwendungen des maschinellen Lernens sind zum Beispiel Spamfilter. Diese sortieren die unerwünschte elektronische Post automatisch aus. Ein Algorithmus analysiert, welche E-Mails in der Vergangenheit von Ihnen als Spam bezeichnet worden sind. E-Mails mit Wortfolgen wie „extrem billig", „super sexy" oder „Millionengewinn – jetzt!" können anschließend automatisch erkannt und ausgefiltert werden. Was genau Algorithmen und maschinelles Lernen sind, klären wir natürlich noch an späterer Stelle.

Auch beim Online-Versandhändler Amazon[1] überlegen sich nicht unzählige Menschen explizit, welche

---

[1]https://www.amazon.com/gp/help/customer/display.html?nodeId=16465251, aufgerufen am 24.03.2019.

Produkte zusammenpassen könnten. Ein Algorithmus lernt aus den Einkäufen der Nutzerinnen und Nutzer in der Vergangenheit. Sobald Sie sich ein neues Produkt bei Amazon anschauen, bestimmt dieser Algorithmus andere Produkte, die dazu passen. Ähnliches gilt für Plattformen wie Netflix[2] und Spotify[3]. Anhand der Aktivitäten der Nutzerinnen und Nutzer entscheidet ein Algorithmus, welche Filme, Serien oder Musik für Sie auch infrage kommen könnten. Wenn Sie ein großer „Harry Potter"-Fan sind, gefällt Ihnen wahrscheinlich auch „Der Herr der Ringe" gut. Dies kann der Algorithmus berechnen, nachdem er aus den Daten gelernt hat. Und bei Facebook[4] lernt ein Algorithmus Ihnen anhand Ihrer besuchten Seiten und „Gefällt mir"-Bewertungen passende Werbung zu präsentieren.

Wir möchten Ihnen mit diesem Buch eine leicht verständliche Einführung in die Welt der lernenden Maschinen bieten. Dazu stellen wir einflussreiche, weitverbreitete Algorithmen des maschinellen Lernens Schritt für Schritt und anschaulich vor. Sie benötigen dazu keine besonderen Vorkenntnisse. Jeder kann verstehen, wie diese Methoden funktionieren. Und Sie werden eine Vorstellung davon entwickeln, was diese Methoden leisten können, was (noch) nicht und was vermutlich nie. Dadurch wollen wir Licht in die Dunkelheit der Blackbox der künstlichen Intelligenz bringen.

Wir möchten als Autoren dieses Buches betonen, dass wir sowohl die Chancen als auch die Risiken künstlicher

---

[2]https://help.netflix.com/en/node/100639, aufgerufen am 24.03.2019.

[3]https://developer.spotify.com/documentation/web-api/reference/browse/get-recommendations/, aufgerufen 24.03.2019.

[4]https://code.fb.com/core-data/recommending-items-to-more-than-a-billion-people/, aufgerufen am 24.03.2019.

Intelligenz sehen. Allerdings geht es uns nicht darum, einzelne Anwendungen künstlicher Intelligenz zu bewerten oder zu entscheiden, ob diese nun gut oder schlecht sind. Unser Ziel ist es hingegen, sachlich über die Thematik zu informieren, um damit einen Beitrag zur Objektivierung der aktuellen Debatte zu liefern und aufzuklären. Der Zeitpunkt, über den Einsatz und die Folgen der künstlichen Intelligenz in der Gesellschaft zu diskutieren, ist spätestens jetzt. Für eine aufgeklärte Debatte mangelt es unserer Meinung nach vor allem an einem *grundlegenden Verständnis* darüber, was künstliche Intelligenz eigentlich ist und wie diese funktioniert. Nur mit einem solchen Grundverständnis lässt sich informiert über wichtige Themen, wie zum Beispiel die Ethik der KI oder die Fairness von algorithmischen Entscheidungen, reden. Wir hoffen, dass Ihnen dieses Buch helfen wird, dieses Grundverständnis zu entwickeln. Dann können wir angemessen über die Chancen und Risiken künstlicher Intelligenz diskutieren und gemeinsam unsere Zukunft gestalten.

Bevor wir loslegen, grenzen wir noch ein paar wesentliche Begriffe voneinander ab. *Künstliche Intelligenz* ist ein Oberbegriff, der immer dann benutzt wird, wenn Systeme Entscheidungen treffen, für die man vermutlich „Intelligenz" besitzen muss – was auch immer das genau bedeutet. Diese recht schwammige Definition reicht nicht für philosophische Unterhaltungen über das Thema aus, aber sie drückt ganz gut aus, was wir unter künstlicher Intelligenz verstehen. Was unter diesen Begriff fällt, hängt allerdings auch von der Zeit ab, in der man sich befindet. Waren die Menschen vor einigen Jahren noch dazu bereit, Navigationssysteme als künstliche Intelligenz zu bezeichnen, so beeindrucken uns diese heutzutage schon lange nicht mehr. Vielleicht wird es selbstfahrenden Autos dann bald ähnlich ergehen. Andere Definitionen von künstlicher Intelligenz beinhalten oft das Kriterium, dass „intelligente" Systeme mit ihrer Umgebung interagieren müssen: Das heißt, Informationen aus der Umwelt aufzunehmen, auf diese zu reagieren, aus dieser zu lernen und daraus zukünftiges Verhalten abzuleiten.

Damit kommen wir zum Begriff des maschinellen Lernens. Maschinelles Lernen ist der Sammelbegriff für alle Computerprogramme, deren Verhalten nicht fest einprogrammiert ist. Stattdessen gibt man fest vor, wie diese aus Daten *lernen*. Aus den Daten kann dann das Verhalten der Computerprogramme in die gewünschte Richtung geformt werden. Maschinelles Lernen ist daher eine sehr beliebte Möglichkeit, Systeme zu erschaffen, die über künstliche Intelligenz verfügen.

Die Grundidee ist dabei folgende: Wir hätten gerne ein System, das eine bestimmte Aufgabe erledigt, zum Beispiel Tumore auf Röntgenbildern erkennt, Spam-Mails identifiziert oder uns den richtigen Film vorschlägt. Für diese Beispiele fällt es schwer, genau zu formulieren, wie die Aufgabe Schritt für Schritt zu lösen ist. Tumore können unterschiedlich aussehen oder sich an verschiedenen Stellen im Körper befinden; nicht jede E-Mail, die das Wort „Millionengewinn" enthält, ist eine Spam-Mail; und nicht jeder mag dieselben Filme. Maschinelles Lernen löst dieses Problem meist mit Hilfe von zwei Zutaten: Zunächst brauchen wir Erfahrungswerte, etwa Röntgenbilder, bei denen wir wissen, ob sie einen Tumor enthalten; E-Mails, bei denen uns gesagt wurde, ob sie Spam sind; oder Filme, bei denen wir wissen, dass sie anderen, ähnlichen Nutzern in der Vergangenheit gefallen haben.

Die zweite Zutat sind Methoden, also Computerprogramme, um aus diesen Erfahrungswerten Muster zu erkennen, z. B. welche Wortkombinationen auffällig für Spam-Mails sind. Ebenso verhält es sich mit Tumoren und Filmen. Aus Röntgenaufnahmen von gesunden und kranken Menschen lässt sich das Aussehen von Tumoren lernen. Aus den verschiedenen Filmbewertungen einzelner Nutzerinnen und Nutzer ergibt sich, welche Filme oft zusammen gemocht werden und welche Filme nicht zusammenpassen. Für unterschiedliche Aufgaben – ob die Erkennung von Tumoren auf Röntgenbildern, den Inhalten von Text, oder die Empfehlung von Filmen – gibt es auch verschiedene, angepasste Methoden. Einige wichtige davon werden wir in diesem Buch kennenlernen.

Genau genommen ist der der Begriff der künstlichen Intelligenz etwas weiter gefasst als der des maschinellen Lernens. Schließlich sind auch andere Wege denkbar, intelligent handelnde Systeme zu erschaffen. Im aktuellen Diskurs verbergen sich hinter künstlicher Intelligenz allerdings meist Systeme, die auf Methoden des maschinellen Lernens zurückgreifen. Denn aus den richtigen Daten lässt sich intelligent scheinendes Verhalten gut lernen. Dies erfährt man aber oft nicht und die mystische Aura der künstlichen Intelligenz ist alles, was zurückbleibt. Das ist schade, denn die Methoden des maschinellen Lernens lassen sich eigentlich gut erklären.

Begleiten Sie daher unsere Heldin „Machine-Learning-Lisa", kurz Lisa, auf ihren Abenteuern durch die Welt des maschinellen Lernens (siehe Abb. 1.1). Anhand von Lisa und (mal mehr und mal weniger realistischen) Alltagsbeispielen werden wir die grundlegenden Methoden des maschinellen Lernens erklären. Fiebern Sie mit, wenn Lisa knifflige Probleme ihres Alltags durch maschinelles Lernen löst.

Teil I führt die grundlegenden Begriffe und Disziplinen des maschinellen Lernens ein. In Teil II, dem Hauptteil

Abb. 1.1 Lisa ist bereit für ihre Abenteuer!

des Buches, erklären wir Schritt für Schritt die Funktions-
weisen zahlreicher Methoden des maschinellen Lernens.
Und wenn Sie das Gefühl haben, dass es mal Zeit für eine
Pause von den ganzen Algorithmen wäre, lohnt sich auf

jeden Fall ein Blick in den Schlussteil, Teil III. In diesem nehmen wir Abstand von den konkreten Algorithmen und diskutieren den Einsatz künstlicher Intelligenz in der Gesellschaft und den sich daraus ergebenden Fragen zur Sicherheit und Ethik von KI.

Schnappen Sie sich einen Tee oder Kaffee, lehnen Sie sich zurück und vor allem: Haben Sie viel Spaß beim Lesen!

2

Algorithmen
Über die Kunst, Computer zu Problemlösern zu machen

Nicolas Berberich

Zuallererst möchten wir einen zentralen Begriff der Informatik klären, der Ihnen in diesem Buch immer wieder begegnen wird, und zwar den des *Algorithmus*. Wir könnten das kurz und schmerzlos machen, indem wir Ihnen einfach eine Definition präsentieren.

> **Definition Algorithmus**
>
> Ein Algorithmus ist eine eindeutige Handlungsvorschrift zur Lösung eines Problems. Eine Eingabe wird dabei in genau definierten Schritten zu einer Ausgabe umgewandelt.

N. Berberich (✉)
TU München und LMU München, München, Deutschland
E-Mail: n.berberich@tum.de

© Springer Fachmedien Wiesbaden GmbH, ein Teil von Springer Nature 2019
K. Kersting et al. (Hrsg.), *Wie Maschinen lernen,*
https://doi.org/10.1007/978-3-658-26763-6_2

Zum besseren Verständnis sind jedoch konkrete Beispiele hilfreich und deutlich interessanter als reine Definitionen. Zum Glück hat unsere Lisa ein abenteuerliches Leben, in dem es nur so von Algorithmen wimmelt. So wie an diesem Sonntag. Endlich ist es soweit: Lisas Brieffreundin Jana aus Frankreich kommt sie besuchen. Lisa hat Jana versprochen, mit ihr deutsche Pfannkuchen zu backen. Wenn Lisa ihre Freundin das nächste Mal in Frankreich besucht, wird Jana sie dafür in die hohe Kunst der Crêpe-Zubereitung einführen. Ärgerlicherweise kann sich Lisa aber nicht mehr erinnern, wie genau Pfannkuchen zubereitet werden, und muss deshalb auf ein Backrezept zurückgreifen. Im Grunde ist ein Backrezept ein Algorithmus, denn es liefert eine genaue Handlungsvorschrift, nach der die Zutaten (die Eingabe des Algorithmus) in mehrere Pfannkuchen (die Ausgabe des Algorithmus) umgewandelt werden. Hier ist das Backrezept für das sich Lisa entscheidet:

Backrezept für Pfannkuchen:
Eingabe (Zutaten): 400 g Mehl, 750 ml Milch, 3 Eier, 1 Prise Salz
Handlungsvorschrift:
1. Mehl und Milch in einer Schüssel verrühren.
2. Eier und eine Prise Salz hinzugeben und verrühren.
3. Pfanne erhitzen.
4. Mit einer Schöpfkelle Teig in die Pfanne geben und auf dem Pfannenboden verteilen.
5. Pfannkuchen bei mittlerer Hitze backen.
6. Wenn die Unterseite goldbraun ist, dann wende den Pfannkuchen mit einem Pfannenwender.

7. Wenn die zweite Seite goldbraun ist, dann nimm den Pfannkuchen mit dem Pfannenwender heraus.
8. Solange noch Teig übrig ist: Gehe zu Schritt 4.
9. Fertig! Guten Appetit!

Ausgabe: 12 Pfannkuchen

Theoretisch könnte man einen solchen Algorithmus auch einem fortgeschrittenen Roboter übergeben und diesen die Handlungsschritte durchführen lassen. Wichtig ist, dass ein Algorithmus, der von einem Roboter oder einem Computer durchgeführt werden soll, sehr *präzise formuliert ist und keine Mehrdeutigkeiten zulässt.* Im Gegensatz zu einem Menschen verfügt ein Roboter nämlich nicht über einen *gesunden Menschenverstand* und weiß deshalb nicht, was „eine Prise" Salz bedeutet. Hier müsste stattdessen eine genaue Mengenangabe stehen. Genauso müsste auch exakt vorgeschrieben werden, was mit „mittlerer Hitze" und was genau mit „goldbraun" gemeint ist.

Möchte man einen Algorithmus von einem Computer durchführen lassen, dann müssen Eingabe und Ausgabe natürlich digital sein – zum Beispiel Zahlen, Wörter oder digitale Dokumente. Ein einfaches Beispiel ist ein Algorithmus, der zwei Zahlen durch wiederholte Addition miteinander multipliziert.[1]

---

[1] Das Prinzip, eine Multiplikation durch wiederholte Addition in einer Rechenmaschine darzustellen, geht auf den Universalgelehrten Gottfried Wilhelm Leibniz zurück. Schon im Jahr 1673 – mehrere Jahrhunderte vor der Entwicklung von elektronischen Computern – stellte Leibniz in London der Royal Society das Modell einer mechanischen Rechenmaschine vor, welche alle vier Grundrechenarten beherrschte. Leibniz führte übrigens auch das Binärsystem in der europäischen Wissenschaft ein, nach dem alle Zahlen durch 0en und 1en dargestellt werden können und welches die Basis für alle digitalen Computer bildet.

Dieser kann so aussehen (zum besseren Verständnis stehen die Beispielzahlen in eckigen Klammern):

Eingabe: zwei positive ganze Zahlen, die miteinander multipliziert werden sollen [z. B. 3 und 4]:
Handlungsvorschrift:
1. Setze die Variable x zu Beginn auf 0.
2. Zähle von 0 in Einserschritten bis zur ersten Eingabezahl [bis 3].
3. Bei jedem dieser Einserschritte addiere die zweite Zahl [4] auf x und speichere das *Ergebnis* erneut in x ab.
4. Nachdem du in Einserschritten bei der ersten Zahl [3] angekommen bist und das Ergebnis aktualisiert hast [12], bist du fertig.
Ausgabe: Das Ergebnis ist das Produkt der beiden Eingabezahlen.

Auch wenn sich diese Vorschrift vielleicht etwas kompliziert gelesen hat, entspricht sie doch genau der Art und Weise, wie wir alle in der Grundschule Multiplizieren gelernt haben: Man erhält das Ergebnis von „3 mal 4", wenn man 4 drei mal addiert: „3 * 4 = 4 + 4 + 4".

Diese logische Struktur des Algorithmus kann mithilfe einer Programmiersprache in Computercode aufgeschrieben werden. Effektiv funktioniert ein Algorithmus also wie eine Maschine, in die wir Dinge oben hineinwerfen (Eingabe) und aus der nach mehreren Verarbeitungsschritten unten ein Ergebnis herauskommt (Ausgabe). Was genau im Inneren des Algorithmus vor sich geht, ist häufig für Anwender gar nicht so wichtig. Deshalb werden Algorithmen manchmal als schwarze Boxen (engl. black boxes) betrachtet, in die man nicht hineinsehen kann und von denen man nur die Eingabe und Ausgabe kennt.

Dieses *Blackbox-Denken* kann aber auch gefährlich sein, weil man dadurch leicht übersieht, in welchen Fällen man den Algorithmus nicht einsetzen kann. Der obige Multiplikationsalgorithmus funktioniert beispielsweise nur für positive ganze Zahlen und nicht für die Multiplikation von zwei negativen Zahlen oder zwei Kommazahlen. Wann genau (also für welche Eingabewerte) ein Algorithmus eingesetzt werden kann und für welche Eingabewerte er falsche Ergebnisse liefert, kann man nur herausfinden, indem man die Blackbox öffnet und versucht, die Funktionsweise des Algorithmus nachzuvollziehen. Es wird in diesem Buch darum gehen, die Blackboxes der wichtigsten Algorithmen des maschinellen Lernens und der künstlichen Intelligenz zu öffnen.

Die Eingabe und Ausgabe eines Algorithmus können auch Positionen und Richtungen in der realen Welt sein (z. B. die eigene Position in einem Labyrinth und der Weg nach draußen). Das erkennen Lisa und Jana, als sie nach dem Verzehr ihrer Pfannkuchen zu einem Maislabyrinth fahren:

„Wie sollen wir hier jemals wieder herausfinden?" Leicht genervt schaut sich Jana um. „Das sieht in allen Richtungen gleich aus. Überall diese blöden Pflanzen!"

Lisa fühlt sich etwas schuldig, schließlich hat sie ihre Freundin zum Besuch des Maislabyrinths überredet. Es dauert nicht lange, bis sich die beiden heillos verlaufen haben. Bei jeder Kreuzung eine zufällige Richtung zu wählen, war kein guter Plan gewesen, um aus dem Labyrinth zu kommen…

„Wir brauchen eine richtige Strategie. Eine Vorschrift, nach der wir uns bei jeder Kreuzung für eine Richtung entscheiden können und damit nach draußen finden. Lass uns mal etwas nachdenken, bevor wir weiter planlos umherirren", sagt Lisa. Obwohl Jana wenig überzeugt aussieht, nickt sie und setzt sich zum Nachdenken neben Lisa.

> **Seneca über Irrgärten**
>
> „Das eben geschieht den Menschen, die in einem Irrgarten hastig werden: Eben die Eile führt immer tiefer in die Irre."
> Lucius Annaeus Seneca (4 n. Chr.–65 n. Chr.)

Nach einigen Minuten hat sich Lisa eine Strategie überlegt. Sie möchte einfach immer an der rechten Wand entlang laufen und an jeder Kreuzung den Weg nehmen, der direkt rechts von ihrer Laufrichtung liegt.

Diese Strategie heißt Tiefensuche und lässt sich wie folgt in Algorithmenform schreiben:

Eingabe: Lisa und Jana im Inneren des Labyrinths.
Handlungsvorschrift:
1. Wähle eine beliebige Richtung parallel zur Labyrinthwand.
2. Gehe an der rechten Labyrinthwand entlang, bis du am Ausgang des Labyrinths angekommen bist.

Ausgabe: Weg zum Ausgang des Labyrinths

Obwohl Jana der Zweifel an dieser Strategie ins Gesicht geschrieben steht, folgt sie ihrer Freundin Lisa. Und tatsächlich! Schon nach kurzer Zeit haben die beiden den Ausgang des Labyrinths gefunden. „War ja gar nicht so schwer, wie gedacht", grinst Lisa zufrieden. In Abb. 2.1

Abb. 2.1 Der Weg aus dem Labyrinth mithilfe des Tiefensuche-Algorithmus

ist der Weg eingezeichnet, den die beiden zurückgelegt haben.

Algorithmen werden meist in einer allgemeinen Form und damit unabhängig vom konkreten Problemfeld definiert. Das hat den Vorteil, dass sie damit auf eine große Anzahl verschiedener Problemfelder angewendet werden können. Die allgemeine Form des Algorithmus, den Lisa und Jana verwendet haben, um aus dem Labyrinth herauszufinden, wird Tiefensuche-Algorithmus genannt. Wie der Name schon andeutet, gehört der Tiefensuche-Algorithmus zur Gruppe der Suchalgorithmen. Neben dem Suchen eines Weges durch ein Labyrinth gehören Routenplaner in Navigationsgeräten und Suchmaschinen wie diejenige von Google zu den praktischen Anwendungen von Suchalgorithmen. Wie oben bereits erwähnt, ist es wichtig zu wissen, welche Algorithmen für eine bestimmte Aufgabe verwendet werden können und insbesondere, in welchen Situationen bestimmte Algorithmen *nicht* angewendet werden können. Der Tiefensuche-Algorithmus führt nach einiger Zeit immer zum Ziel, es sei denn, im Labyrinth gibt es *Zyklen*. Ein Zyklus ist ein Rundweg, bei dem man immer wieder und ohne Ende an bereits besuchte Kreuzungen kommt. Ein Mensch würde nach einigen Runden im Kreis stutzig werden, seinen gesunden Menschenverstand einschalten und die Strategie abwandeln. Ein Computer oder Roboter weicht hingegen von seinem Algorithmus nicht ab und würde bis in alle Ewigkeit seine Runden drehen (siehe Abb. 2.2).

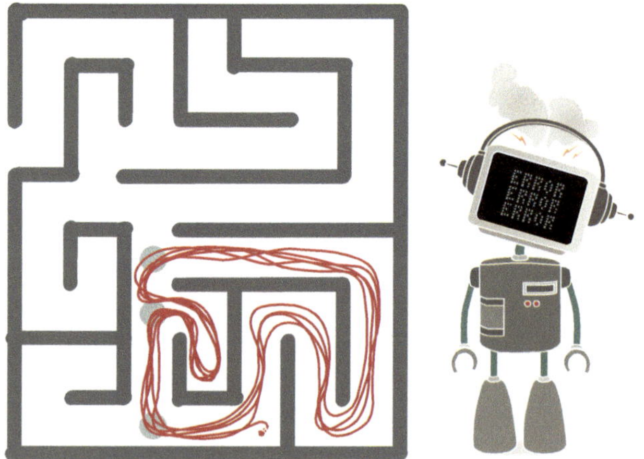

Abb. 2.2 Der Tiefensuche-Algorithmus kann auf manche Probleme angewendet zu Endlosschleifen führen. Deshalb muss auf Zyklen geprüft werden. Man sollte im Allgemeinen Algorithmen nicht blind anwenden, sondern deren Begrenzungen beachten

Albert Einstein hat angeblich einmal gesagt: *„Die Definition von Wahnsinn ist, immer wieder das Gleiche zu tun und andere Ergebnisse zu erwarten."* Für intelligentes Verhalten ist es notwendig, aus Erfahrung lernen zu können und das eigene Handeln entsprechend anzupassen. Auch dafür gibt es Algorithmen. Diese definieren eine Strategie, wie Erfahrungen in Form von Daten zum Lernen genutzt werden können. So kann die Leistungsfähigkeit eines Computers in Bezug auf eine bestimmte Problemstellung verbessert werden. Man gibt den Algorithmen also nicht vor, *wie* genau sie ein Problem zu lösen haben, sondern stattdessen, wie sie aus ihrer Erfahrung lernen können, das Problem *besser* zu lösen.

Der Teilbereich der künstlichen Intelligenz, der sich mit diesen Lernalgorithmen beschäftigt, wird maschinelles Lernen genannt und ist für die meisten der neuesten Erfolgsmeldungen im Bereich der künstlichen Intelligenz verantwortlich. Deshalb fokussieren wir uns in diesem Buch auf Lernalgorithmen (und nicht auf Back-, Multiplikations- oder Suchalgorithmen). Die Anwendung von maschinellem Lernen auf KI-Probleme läuft in zwei Schritten ab: Algorithmen der klassischen KI, wie zum Beispiel Suchalgorithmen, können direkt auf eine Problemstellung angewendet werden. Beim maschinellen Lernen hingegen wird zuerst mit Hilfe von Trainingsdaten (z. B. Erfahrungswerten) unter Anwendung eines Lernalgorithmus in der sogenannten Trainingsphase ein Modell gelernt. Dieses gelernte Modell kann dann in einem zweiten Schritt, der Test- oder Anwendungsphase, auf eine Problemstellung angewendet werden. Was unter dem Begriff *Modell* in diesem Zusammenhang zu verstehen ist, welche verschiedenen Modelle es im maschinellen Lernen gibt und wie diese mit Hilfe von Lernalgorithmen gelernt werden, darum geht es in diesem Buch.

Interessanterweise sind die meisten Lernalgorithmen gar nicht besonders neu, sondern wurden bereits vor Jahrzehnten entwickelt. Neu ist jedoch die gigantische Menge an Daten, dank günstiger Sensoren und dem Internet, sowie modernen Computerchips, auf denen die Lernalgorithmen besonders effizient angewendet werden können. Das bedeutet aber nicht, dass die Algorithmen selbst unwichtig geworden sind. Ganz im Gegenteil! Denn genau wie bei den Suchalgorithmen geben auch die Algorithmen des maschinellen Lernens vor, wofür man maschinelles Lernen verwenden kann und wo dessen Grenzen und Risiken liegen.

> **Treiber der Erfolgsgeschichte des maschinellen Lernens**
>
> Das Zusammenspiel von Algorithmen, Daten und Computer-Hardware bildet das Herz der Erfolgsgeschichte des maschinellen Lernens.

Im nächsten Kapitel stellen wir das Feld des maschinellen Lernens noch genauer vor und zeigen, in welche drei Bereiche es sich einteilen lässt.

3

Maschinelles Lernen
Wie sich Computer an Probleme anpassen

Michael Krause und Elena Natterer

Während Lisa und ihre Freundin im vorherigen Kapitel Pfannkuchen backten und im Maislabyrinth umherirrten, haben wir den Begriff des Algorithmus kennengelernt. Wir erinnern uns, dass ein Algorithmus eine eindeutige Handlungsanweisung ist. Man gibt dem Algorithmus eine Eingabe (die Zutaten für Pfannkuchen) und er verarbeitet diese nach einem festen Handlungsmuster (einem Rezept). Hat er diese Handlungsanweisung abgearbeitet, gibt er seine Ausgabe zurück (die Pfannkuchen). Für manche Probleme ist es aber viel schwieriger, ein festes Handlungsmuster aufzustellen, als für das Backen von Pfannkuchen

M. Krause (✉)
Lemgo, Deutschland
E-Mail: michael.krause@rwth-aachen.de

E. Natterer
Tübingen, Deutschland

© Springer Fachmedien Wiesbaden GmbH, ein Teil von Springer Nature 2019
K. Kersting et al. (Hrsg.), *Wie Maschinen lernen,*
https://doi.org/10.1007/978-3-658-26763-6_3

oder das Durchqueren eines Labyrinths. *Lernalgorithmen* treffen Entscheidungen daher aufgrund von Erfahrungswerten. Diese Erfahrungswerte werden dem Algorithmus in Form von Daten gegeben.

Ein Beispiel dafür ist Lisa, die sich entschließt, das Pfannkuchenrezept etwas an ihren Geschmack anzupassen. Wenn sie findet, dass der Pfannkuchenteig zu flüssig ist, beschließt sie, beim nächsten Mal etwas weniger Milch in den Teig zu geben. Oder sie könnte die Pfannkuchen nicht süß genug finden und deswegen das nächste Mal etwas mehr Zucker in den Teig geben. Um in die Lage zu kommen, das Rezept zu verändern, muss Lisa es allerdings erst ein paar Mal zubereitet haben und Erfahrungswerte damit sammeln. Dabei wird sie wohl niemals voll und ganz vom Rezept abweichen, aber kleine Stellschrauben anpassen.

Damit kann ein Lernalgorithmus für viele Varianten eines Problems angewendet werden, die sich nicht mit einem festen, unabänderlichen Rezept abdecken lassen. Auch Lernalgorithmen folgen Regeln – sie sind nicht „kreativ" oder „denkend". Doch die Regeln von Lernalgorithmen basieren zusätzlich auf Daten. Die Disziplin, die sich mit diesen Typen von Algorithmen beschäftigt, heißt *maschinelles Lernen*. Viele ihrer Methoden haben aber ursprünglich nichts mit Maschinen zu tun, sondern wurden interdisziplinär von Kognitionswissenschaftlerinnen, Psychologen, Mathematikern, Neurowissenschaftlerinnen" und Informatikern entwickelt.

Bei Lernalgorithmen unterscheidet man drei Haupttypen:

1. Überwachtes Lernen
2. Unüberwachtes Lernen
3. Verstärkendes Lernen

Hier erklären wir kurz die ersten beiden Typen von Lernalgorithmen. Verstärkendes Lernen behandeln wir in Kap. 26.

Lisa arbeitet an einem Projekt zum Bienensterben und muss dafür Bilder von verschiedenen Bienen in unterschiedliche Arten einteilen: Die westliche Honigbiene, die Sandbiene, die Holzbiene, die Wespenbiene und die Blattschneiderbiene (siehe Abb. 3.1).

Das einzige Problem ist, dass Lisa nicht 10, nicht 20, nicht 100, sondern sage und schreibe 800 Bilder einteilen soll und zu allem Überfluss in den nächsten Tagen eine Klausur schreibt. Wie gut, dass Lisa ihre kleinen Brüder Leon und Lars hat, die nur allzu viel Zeit haben und ihrer älteren Schwester gerne helfen.

Lisa beschließt, ihren Brüdern zunächst 100 Bilder zur Probe zu geben. Sobald einer der beiden es schafft, die Bilder gut aufzuteilen, möchte sie ihm die restlichen 700 geben.

Die 100 Bilder teilt sie weiterhin auf, in *Testdaten* und *Trainingsdaten.*

Die Trainingsdaten sind Bilder, welche Lisa ihren Brüdern gibt, um sie auf die Aufgabe vorzubereiten. Die Testdaten sind einige Bilder, die sie zur Seite legt und mit denen sie später überprüfen möchte, wie viele Fehler ihre Brüder tatsächlich machen. Hierin liegt der wichtige Unterschied zwischen den Testdaten und dem „Rest der

Abb. 3.1 Fünf Beispielbienen aus Lisas Katalog

Bilder", also der 700 Exemplare von vorher: Auf den Testdaten schaut Lisa noch nach, ob die Zuordnung richtig war. Auf den restlichen Daten (700 in diesem Fall) lässt sie bloß noch ihre Brüder Vorhersagen treffen: Bei diesen Daten werden falsche Zuordnungen also nicht mehr korrigiert.

Es gibt keine klare Regel, wie viel Prozent der Daten Trainingsdaten und wie viel Prozent der Daten Testdaten sein sollen, aber in der Praxis ist das Verhältnis bei ca. 70:30. In unserem Beispiel hat Lisa also 70 Bilder als Trainingsdaten und 30 Bilder als Testdaten ausgewählt.

Leon ist der jüngere der beiden Brüder. Daher bereitet Lisa die 70 Bilder der Trainingsdaten für ihn etwas vor: Sie schaut sich die Bilder genau an und schlägt im Internet nach, um welche Biene es sich jeweils handelt. Für jede Bienenart bildet sie dann einen Stapel. Diese gibt sie ihrem Bruder. Leon versucht anhand der Stapel das Aussehen und die Unterschiede der verschiedenen Bienenarten zu lernen. Dabei betrachtet er Merkmale wie Länge der Flügel, Größe der Augen oder Farbe des Pelzes. Hierin liegt das Lernen im Lernalgorithmus: Ein Lernalgorithmus (hier Leon) verarbeitet solche Merkmale, mit denen die Bilder sortiert werden können.

Anschließend erhält Leon von Lisa die 30 Bilder der Testdaten und ordnet jedes davon einem der Bienenarten zu. Auch wenn Leon sich bei einem Bild unsicher ist und findet, dass es auf keinen Stapel so richtig gut passt, legt er das Bild trotzdem auf einen der Stapel ab (der eben seiner Einschätzung nach einer bestimmten Biene am ähnlichsten sieht). In so eine Situation könnte er zum Beispiel kommen, wenn er das Bild einer weiblichen Holzbiene auf einen Stapel legen möchte, auf dem bisher nur männliche Holzbienen liegen, die etwas anders aussehen. Zum

Schluss kontrolliert Lisa, wie viele der 30 Bilder Leon richtig zugeordnet hat. Damit kann sie abschätzen, wie viele Fehler er wohl auf den 700 restlichen Daten machen wird.

Diesen Lernvorgang nennen wir *überwachtes Lernen*. Tatsächlich hat Leon bei sieben Bienen einen Fehler gemacht. Diese sollten eigentlich auf einem anderen Stapel landen.

Lars ist schon älter. Lisa beschließt daher, ihm für die 70 Bilder der Trainingsdaten nicht vorab die zugehörige Bienenart zu verraten. Lars schaut sich also die Trainingsbilder an und teilt diese in Stapel ein. Ebenso wie beim überwachten Lernen kann er die Einteilung auch hier anhand von Merkmalen wie Länge der Zunge, Größe der Augen oder Farbe des Pelzes, vornehmen. Im Unterschied zum überwachten Lernen kennt er aber weder für Test- noch für Trainingsdaten die richtige Bienenart. Diese Form des Lernens bezeichnet man als *unüberwachtes Lernen*.

Einem Algorithmus beizubringen, aufgrund welcher Merkmale Bienen (oder Anderes) sich ähnlich sehen, ist eine der großen Herausforderungen des unüberwachten Lernens. Männliche Bienen haben beispielsweise tendenziell größere Augen und einen größeren Körper als ihr weibliches Pendant. Wenn der Algorithmus also die Augen- oder Körpergröße als Merkmal lernt, so würde die Einteilung vermutlich nicht in Arten, sondern nach Geschlecht vorgenommen werden. Auch Lars könnte so etwas passieren. Denn vielleicht sortiert er die Bilder ja nach der Länge der Flügel. Die hängt aber eher vom Entwicklungsstadium der Biene als von ihrer Art ab. Die resultierenden Stapel würden dann nicht unbedingt Bienenarten entsprechen.

Auf den Trainingsdaten hat sich Lars überlegt, welche verschiedenen Bienenarten es geben könnte und diesen jeweils einen Stapel zugeordnet. Auf den Trainingsdaten lernt der Bruder (oder der Algorithmus) also Zusammenhänge zwischen den Merkmalen. Die 30 Testbilder ordnet Lars nun den Stapeln zu, die er gebildet hat, wendet also die gelernte Regel nur noch an. Wenn die Stapel Entwicklungsstadien oder Geschlechter und nicht Bienenarten darstellen würden, dann wäre das jetzt natürlich ärgerlich: denn so müsste Lars (oder auch Lisa) alles nochmal machen. Am Ende findet Lisa heraus, dass Lars zwar fünf Stapel gebildet hat, die auch in etwa den Bienenarten entsprechen. Dennoch hat er zwölf Bilder der Testdaten falsch zugeordnet.

Die Bezeichnungen als überwachtes und unüberwachtes Lernen mag für den einen oder anderen etwas irreführend klingen, denn es geht nicht um eine „Überwachung" der Algorithmen, sondern vielmehr um die Form der Eingabe: Wenn dem Lernalgorithmus die richtige Lösung auf den Trainingsdaten bekannt ist, spricht man von überwachtem Lernen, sonst von unüberwachtem Lernen.

Lisa erkennt also, dass Leon nur 7 Fehler gemacht hat, Lars hingegen 12 Fehler. Welchem der beiden soll sie also wichtige Aufgaben wie diese anvertrauen? Sie steht vor einem Dilemma: Auf der einen Seite möchte sie möglichst wenig falsche Zuordnungen haben, und das spricht für Leon. Auf der anderen Seite spart es Lisa natürlich eine ganze Menge Zeit, wenn sie die Trainingsbilder nicht vorher zuordnen muss, wie sie es bei Lars gemacht hat. Es gibt also keine klare Lösung, welchen der beiden Lisa bevorzugen sollte, wenn sie für ihr nächstes Projekt Bilder von Bäumen sortieren soll.

Beispiele für überwachtes Lernen sind Regression oder Klassifizierung (Kap. 5 und 6). Ein Beispiel für unüberwachtes Lernen ist Clustering (Kap. 7).

Unüberwachte maschinelle Lernverfahren werden häufig verwendet, um Übersicht in riesigen Datenbanken zu schaffen. Es ist also wie „Lernen ohne Lehrer": Durch Beobachtung werden Strukturen in den Daten gefunden. Dies kann allerdings auch dazu führen, dass die Merkmale, nach denen sortiert wird, gar nicht so viel Sinn ergeben, wie es auch bei Lars der Fall hätte sein können.

Für verschiedene Probleme gibt es verschiedene Lernalgorithmen. Ein Algorithmus, der auf bestimmten Daten sehr erfolgreich ist, kann auf anderen grandios scheitern – siehe auch Kap. 23 zu „No Free Lunch".

Menschen lernen ihr ganzes Leben lang und machen eine Vielzahl von Erfahrungen, sodass sie auch neue Aufgaben (wie etwa Bilder von Bienen zu sortieren) recht schnell meistern können. Ein Lernalgorithmus lernt jedoch von Grund auf. Deshalb brauchen Lernalgorithmen tendenziell viel mehr Beispiele als Menschen, um zugrunde liegende Muster zu erkennen oder Entscheidungen zu treffen. Dementsprechend wird, je mehr Daten für das Training zur Verfügung stehen, im Allgemeinen auch die Auswertung auf den Testdaten besser. In der Praxis brauchen überwachte Lernalgorithmen nicht nur ein paar Dutzend, sondern typischerweise Tausende von Beispielen, die zunächst aufwendig von Hand zugeordnet werden müssen. Dies erklärt auch, wieso mit dem Aufkommen riesiger Datenmengen im Zuge der Digitalisierung solche Lernalgorithmen immer erfolgreicher wurden. Ist ein Lernalgorithmus dann auf den Trainingsdaten für seine Aufgabe vorbereitet und auf den Testdaten auf seine Güte geprüft worden, so kann er anschließend tatsächlich angewandt werden. Da Daten für ein erfolgreiches Lernen so wichtig sind, werden wir diese im nächsten Kapitel besprechen.

4

Daten
Der unsichtbare Rohstoff

Alexandros Gilch und Theresa Schüler

Der Begriff des maschinellen Lernens fällt häufig im Zusammenhang mit den großen Internetfirmen unserer Zeit, wie Google, Facebook oder Amazon. Diese Unternehmen sind bekannt dafür, viele Daten von und über ihre Nutzerinnen und Nutzer zu sammeln. Gleichzeitig sind diese Firmen auch Vorreiter im Bereich des maschinellen Lernens. Dieser Zusammenhang ist kein Zufall. Stattdessen zeigt sich daran, dass viele Methoden des maschinellen Lernens erst auf großen Datenmengen ihr volles Potenzial entfalten. Überhaupt sind Daten die

A. Gilch (✉)
Universität Bonn, Bonn, Deutschland
E-Mail: alexandros.gilch@freenet.de

T. Schüler
Ruhr-Universität Bochum, Bochum, Deutschland

© Springer Fachmedien Wiesbaden GmbH, ein Teil von Springer Nature 2019
K. Kersting et al. (Hrsg.), *Wie Maschinen lernen,*
https://doi.org/10.1007/978-3-658-26763-6_4

Grundzutat jedes lernenden Algorithmus. Wir wollen uns deshalb in diesem Kapitel damit beschäftigen, was Daten überhaupt sind, welche Probleme auftauchen können, wenn wir Schlüsse aus ihnen ziehen, und wie wir die Daten für das maschinelle Lernen vorbereiten sollten.

Ein klassisches Beispiel für maschinelles Lernen ist das Geschäftsmodell der Streaming-Anbieter im Internet – man denke zum Beispiel an Netflix, Maxdome oder Amazon Prime. Diese Unternehmen arbeiten permanent daran, ihr Film- und Serienangebot zu verbessern, und möchten gleichzeitig ihren Abonnenten individuell passende Filmvorschläge unterbreiten. Da es meist eine große Zahl an Nutzerprofilen gibt, ist es für die Streaming-Anbieter nicht möglich, genügend Mitarbeiter einzustellen, die diese individuellen Vorschläge und Vorhersagen „per Hand" erstellen. Stattdessen sollen die Empfehlungen, basierend auf den vorhandenen Nutzerdaten, automatisch abgegeben werden. Wie so etwas funktioniert und was man sich genau unter dem Daten-Begriff vorstellen kann, schauen wir uns gemeinsam mit unserer Protagonistin Lisa an.

Lisas Cousin Fred hat in Berlin mit zwei Freunden ein Streaming-Start-up namens *Watch 'n' Chill* gegründet. Auch Lisa zählt zu den Abonnenten von *Watch 'n' Chill* und interessiert sich besonders für Actionfilme und Krimiserien. Sie mag aber auch französische Komödien, da Französisch in der Schule eines ihrer Lieblingsfächer war. Das Ratingsystem von *Watch 'n' Chill* versucht, Lisas Vorlieben kennenzulernen. Auf einer Skala von 0 bis 5 kann sie daher angeben, ob ihr ein gewisser Film gefallen hat. Zusätzlich werden bereits geschaute Filme und Serien protokolliert.

Dies reicht aber noch nicht aus, um automatisch zu entscheiden, was Lisa sonst gefallen könnte – *Watch 'n' Chill* braucht noch viel mehr Daten! Es wird zum Beispiel nicht nur dokumentiert, welche Filme Lisa bisher angesehen hat, sondern auch, zu welcher Tageszeit sie dies tat und ob sie bis zum Ende durchgehalten hat. Ist dies nicht der Fall, so merkt sich *Watch 'n' Chill* an welcher Stelle Lisa den Film abgebrochen hat.

Wozu ist das gut? Obwohl sie der gleichen Kategorie angehören, sind manche Actionfilme brutaler als andere. Lisa mag aber keine brutalen Szenen und hat Filme aus diesem Grund schon häufiger ausgeschaltet. Mithilfe dieser Informationen lernt das Unternehmen, dass es für Lisa eine weitere Unterteilung der Kategorie „Actionfilme" vornehmen sollte. Ein weiterer essenzieller Teil der Vorhersagen besteht darin, Lisas Vorlieben mit denjenigen anderer Nutzerinnen und Nutzer zu vergleichen. Bezogen auf französische Komödien bedeutet das: Falls viele andere Abonnenten neben französischen Komödien auch schwedische Komödien anschauen, so werden auch Lisa schwedische Komödien vorgeschlagen. Wäre die Kombination von französischen und schwedischen Komödien jedoch eher unüblich, so würde *Watch 'n' Chill* Lisa vielleicht eher belgische oder spanische Komödien empfehlen. Auch um sein Gesamtangebot zu verbessern, beobachtet das Start-up das Verhalten seiner Abonnenten sehr genau. Falls die Menschen zum Beispiel überproportional viele Kochshows ansehen, so wird das Angebot in diesem Bereich voraussichtlich zukünftig ausgebaut werden.

Wir wollen die Daten, die das Start-up *Watch 'n' Chill* sammelt, nun etwas näher ergründen und insbesondere verstehen, wie man sie sinnvoll in verschiedene Typen einteilen könnte. In jeglichen Anwendungen des maschinellen Lernens kommt nur eine begrenzte Anzahl an verschiedenen Datentypen vor. Daher führt ein besseres Verständnis der wichtigsten Datentypen auch zu einem besseren Verständnis von maschinellem Lernen im Allgemeinen.

Der erste Datentyp, den wir betrachten, ist derjenige der *kategorischen Daten*. Um Vorhersagen über die Filmvorlieben seiner Nutzerinnen und Nutzer machen zu können, sammelt das Unternehmen *Watch 'n' Chill* zunächst einmal ganz allgemeine Informationen über die Abonnenten wie ihr Geschlecht und ihr Bundesland. Dies könnte schließlich bereits ein Indiz für den Geschmack der jeweiligen Nutzer sein. Die Variable „Geschlecht" hat hier drei mögliche Ausprägungen – weiblich, männlich und divers. Auch die Variable „Bundesland" besitzt nur einige wenige Ausprägungen – nämlich exakt 16. Um später mit diesen Daten weiterarbeiten zu können, wird jeder möglichen Ausprägung eine Zahl als Platzhalter zugewiesen. Die Werte dieser Zahlen sind jedoch willkürlich und sagen nichts über die Daten selbst aus. Die Ausprägungen können wie unsortierte Schubladen (oder Kategorien) verstanden werden. Man könnte die Schubladen für die Variable „Geschlecht" also sowohl mit den Zahlen 0, 1 und 2 kennzeichnen als auch mit den Werten 255, 17 und 57. Wichtig ist nur, dass sich die drei Zahlen unterscheiden.

Der nächste Datentyp, den wir uns anschauen wollen, ist dem der kategorischen Daten sehr ähnlich und versteckt sich hinter dem Ratingsystem des Unternehmens *Watch 'n' Chill* Es geht um sogenannte *ordinale Daten*. Die Abonnenten werden dazu aufgefordert, zu verschiedenen Filmen und Filmkategorien eine Bewertung in Form einer ganzen Zahl zwischen 0 („gefällt mir gar nicht") und 5 („gefällt mir äußerst gut") abzugeben. Diese sechs möglichen Antworten stellen also sechs verschiedene Schubladen bzw. Kategorien dar, in die die jeweilige Bewertung einsortiert werden kann. Genau wie bei den kategorischen Daten fällt bei ordinalen Daten auf, dass die tatsächlichen Zahlenwerte keine nähere Bedeutung aufweisen. Nun kommt es aber auf die Reihenfolge der Schubladen an. Anstatt einer Skala von 0 bis 5 hätte man zum Beispiel auch eine Skala mit den Zahlen 0, 2, 4, 6, 8 und 10 verwenden können – die Abstände zwischen den Zahlen spielen keine Rolle, die Reihenfolge jedoch schon.

Bei einer weiteren Datenform geht es um *diskrete Daten* (oder auch *Zähldaten*). Fred und seine Freunde bei *Watch 'n' Chill* wollen ihr Filmangebot im Allgemeinen verbessern und zu diesem Zweck wird für jeden Film ermittelt, wie viele Nutzer sich den Film vom Anfang bis zum Ende anschauen. Da man hierbei eine Anzahl ermittelt, handelt es sich um ein Zähldatenbeispiel. Zähldaten liefern „echte Zahlen", die man zum Beispiel addieren kann, wohingegen die Zahlen im Falle von ordinalen Daten nur „Platzhalter" sind, die bis auf ihre Reihenfolge keine tiefere Bedeutung haben.

Zuletzt lernen wir noch *stetige Daten* kennen. Wie bereits beschrieben, ermittelt das Start-up *Watch 'n' Chill* jedes Mal die genaue Stelle, an der ein Abonnent einen Film abbricht. Konkreter wird die genaue Zeit gemessen, bis zu welcher der Film noch lief. Da dort jeder mögliche Wert erscheinen könnte (zumindest, falls er größer als 0 s und kleiner als die Gesamtlänge des Films ist), handelt es sich um Daten, die jeden beliebigen Wert auf dem Zahlenstrahl annehmen können, insbesondere auch Kommazahlen. Dies ist das essenzielle Merkmal für stetige Daten.

Alle Daten, die das Unternehmen *Watch 'n' Chill* sammelt, kann man in einen der oben beschriebenen Datentypen einordnen. Dies ist jedoch nicht immer offensichtlich: Stellen wir uns vor, dass Fred mit seinem Unternehmen neue, innovative Wege beschreiten möchte, um die Kundenzufriedenheit zu erhöhen. Dazu lässt er bei einer Testgruppe beobachten, wie aufmerksam und interessiert sie die Sendungen verfolgen, indem er Audiodaten während des Zuschauens aufnimmt. Sind die Zuschauer zum Beispiel abgelenkt und unterhalten sich, so ist die Sendung vermutlich nicht interessant für sie. Bei einer Komödie dagegen ist häufiges Lachen ein sehr positives Zeichen. Diese Daten lässt Fred erheben, indem ein Mikrofon alle zwei Sekunden die aktuelle Lautstärke als Zahlenwert aufnimmt. Die einzelnen Datenpunkte werden nun über die gesamte Filmlaufzeit in eine Liste geschrieben. So hat Fred für jeden Nutzer in der Testgruppe und jeden gesehenen Film ein Audioprofil ermittelt, mithilfe dessen er Rückschlüsse über die Zufriedenheit seiner Kunden ziehen kann. Auch wenn es vielleicht nicht offensichtlich erscheint, handelt es sich bei so einer Liste um eine sehr komplexe Ausprägung von stetigen Daten. Natürlich hat sich Fred von seinen Nutzerinnen und Nutzern zuvor die ausdrückliche Genehmigung für sein Vorgehen eingeholt!

Worauf muss Fred nun aber bei der *Datensammlung* achten?

Zunächst einmal ist es unerlässlich, genügend Daten zur Verfügung zu haben. Gehen wir dazu noch einmal zurück zu dem Rating-Beispiel. Ganz zu Anfang ihres Abonnements hat Lisa vielleicht erst drei Filme bewertet. Mit dieser Information allein ist es schwierig zu entscheiden, welche Filme Lisa noch gefallen könnten. Vielleicht gefällt Lisa zum Beispiel der Film *Pippi Langstrumpf,* da er in ihrer Kindheit ihr Lieblingsfilm war. Trotzdem ist diese Information wahrscheinlich nicht ausschlaggebend dafür, welche Filme Lisa heutzutage noch gerne anschauen würde.

Ein weiterer wichtiger Punkt neben der Datenmenge betrifft die *Repräsentativität* der Daten. Kurz nachdem Fred und seine Freunde das Start-up gegründet haben, bestand der Großteil ihrer Abonnenten aus jungen Studierenden. Ihr Ziel war es jedoch von Anfang an, auch für ältere Menschen ein ansprechendes Film- und Serienangebot zur Verfügung zu stellen. Daher wäre es nicht aussagekräftig gewesen, das gesamte Angebot nur auf Grundlage der Daten, die mithilfe der ersten Abonnenten gesammelt wurden, auszurichten. Ein Lernalgorithmus, der nur auf den Daten der jungen anfänglichen Abonnenten basiert, hätte älteren Zuschauern wahrscheinlich nur Filme für Studierende empfohlen.

Auch muss Fred darauf achten, dass bei der Datenerfassung keine grundsätzlichen Fehler auftreten. Zum Beispiel zeigte *Watch 'n' Chill* in seinen Anfangstagen zu Beginn eines jeden Films einen 30-sekündigen Trailer zu einem anderen, für den Zuschauer wahrscheinlich interessanten Film. Wären diese 30 s nun fälschlicherweise in die Filmzeit eingerechnet worden, hätte man falsche Rückschlüsse über die Abbruchzeitpunkte gezogen.

Trotz aller Vorsichtsmaßnahmen kann Fred dennoch nicht sicherstellen, dass die gesammelten Daten von einheitlich guter Qualität sind. Es könnte bei den von *Watch 'n' Chill* aufgenommenen Audiodaten zum Beispiel passieren, dass die Mikrofone ungenau sind und somit keine exakten Ergebnisse liefern. Generell sind Messungen nie absolut genau, sondern liegen immer im Bereich einer gewissen Fehlertoleranz. Ebenso können Sensoren ausfallen, sodass Lücken in der Datenerfassung auftreten.

Anwender von maschinellem Lernen müssen auch darauf Acht geben, dass sie keine Fehler bei der Interpretation ihrer Daten machen. Beispielsweise müssen Daten, die aus verschiedenen Quellen stammen, richtig zusammengeführt werden. Möchten Fred und seine Freunde ihr Start-up vielleicht mit einem anderen Streaming-Start-up aus Köln fusionieren, so müssen die bisher erhobenen Daten der beiden Start-ups natürlich in eine gemeinsame Datenbank eingepflegt werden. Würde das Start-up aus Köln beispielsweise ein Ratingsystem mit maximal drei statt fünf Sternen verwenden, so müssten sich die Jungunternehmer eine Methode überlegen, diese sinnvoll ineinander umzurechnen.

Um all diese Probleme zu lösen, ist der Prozess der sogenannten *Datenaufbereitung* unerlässlich: So wendet ein Datenexperte häufig mehr Zeit dafür auf, unvollständige oder miteinander inkompatible Daten für den Algorithmus vorzubereiten, beziehungsweise den Algorithmus auf den Umgang mit fehlerbehafteten Daten einzustellen, als überhaupt den richtigen Algorithmus für das Problem zu finden.

Wir haben gesehen, dass Daten der Grundstoff für maschinelles Lernen sind und in den verschiedensten Formen auftreten können. Die Vorbereitung der Daten für den Lernalgorithmus ist dabei ein zweistufiger, arbeitsaufwendiger Prozess. In einem ersten Arbeitsschritt müssen geeignete Datenquellen erschlossen und die jeweiligen Daten erfasst werden. Auch wenn der erste Schritt durchgeführt wurde, müssen diese Daten in einem zweiten Arbeitsschritt aufbereitet werden, da beispielsweise unvermeidbare Messfehler auftreten können.

In den folgenden Kapiteln werden wir meist voraussetzen, dass Lisa und ihre Freunde bereits über die richtigen, vollständigen und bereinigten Daten verfügen, um uns ganz darauf konzentrieren zu können, wie Lernalgorithmen funktionieren. Wir unterscheiden bei den Lernalgorithmen des maschinellen Lernens zwischen

Regression, Klassifikation und Clustering. Die folgenden Kapitel führen diese Begriffe ein. Die im zweiten Teil vorgestellten Methoden lassen sich immer (mindestens) einem der drei Begriffe zuordnen.

5

Regression
Voll im Trend

Jannik Kossen und Maike Elisa Müller

Immer auf der Suche nach neuen Abenteuern in der Welt des maschinellen Lernens begibt sich Lisa auf einen Waldspaziergang in einem sommergrünen Laubwald. Aufmerksam beobachtet sie ihre Umgebung. Sie sieht Bäume, Moose, Pilze, Vögel, Flechten, Spinnen, ein paar Mäuse, sogar das ein oder andere Reh und viele Fußabdrücke — die erdigen Abdrücke verschiedener Tiere, manche Tatzen klein, andere groß. Einige kann Lisa direkt einem Tier zuordnen: zum Beispiel die kleinen, süßen Abdrücke der Kaninchen oder die charakteristischen Pferdehufe.

J. Kossen (✉)
Universität Heidelberg, Heidelberg, aus Darmstadt,
Deutschland
E-Mail: jannik.kossen@gmail.com

M. E. Müller
TU Berlin, Berlin, Deutschland

© Springer Fachmedien Wiesbaden GmbH, ein Teil von Springer
Nature 2019
K. Kersting et al. (Hrsg.), *Wie Maschinen lernen*,
https://doi.org/10.1007/978-3-658-26763-6_5

Lisa läuft weiter durch den Wald, beobachtet die Tatzen und überlegt sich, welcher Tatzenabdruck zu welchem Tier gehört. Plötzlich bleibt Lisa vor einem gigantischen Abdruck stehen – der größte, der ihr bisher begegnet ist. Lisa ist erstaunt und möchte unbedingt wissen, wie schwer wohl das Tier hinter solch einem gigantischen Fußabdruck sein muss.

Deswegen entscheidet sie sich – aus Gründen, die es nur in fiktiven Mathegeschichten gibt – den großen Abdruck des unbekannten Tieres zu vermessen und die Maße in ihr Notizbuch einzutragen. Bewaffnet mit Maßband und Waage begibt sich Lisa in den nächstgelegenen Zoo. Dort angekommen beginnt sie, das Gewicht und die Tatzengröße von allen Tieren im Zoo zu vermessen. Die Ergebnisse ihrer Messung trägt sie in Abb. 5.1 ein. Jeder Punkt steht für ein Tiergewicht-Tatzengröße-Paar. Je weiter rechts ein Punkt ist, desto größer war die Tatze (je weiter links, desto kleiner) und je weiter oben ein Punkt, desto schwerer das Tier (je weiter unten, desto leichter).

Vielleicht ist Lisa jetzt in der Lage abzuschätzen (siehe rote Linie in Abb. 5.1), wie schwer das Riesentier des Laubwaldes ist? Na, was denken Sie?

Die Fragestellung, die Lisa hier lösen möchte, nennt man im maschinellen Lernen und in der Statistik *Regression*. Bei einer Regression möchte man aus einer Größe, hier der Größe des Abdrucks, die Zielgröße, hier das Tiergewicht, vorhersagen.

Wichtig ist hierbei, dass alle möglichen Werte für die Zielgröße auftreten können. Mit Erinnerung an das Kap. 4 können wir also sagen, dass diese *stetig* ist. Dies ist der wesentliche Unterschied zur *Klassifikation,* die wir im nächsten Kapitel, Kap. 6, besprechen. In unserem Beispiel ist auch die Ausgangsgröße stetig. Eine Tatzengröße

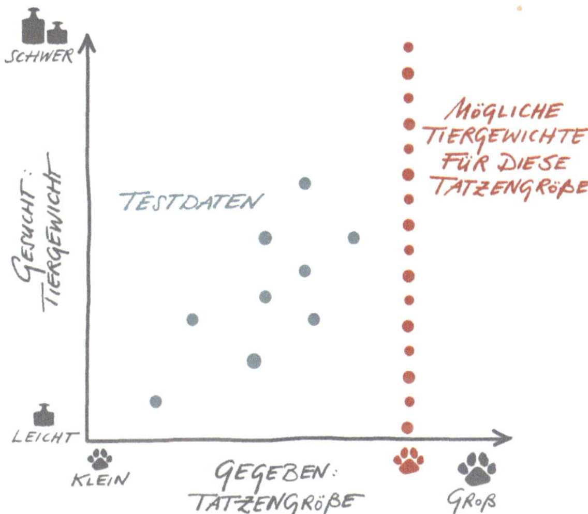

Abb. 5.1 Wie kann Lisa das Gewicht des unbekannten Tieres aus seinem Fußabdruck schätzen?

von 33 cm ist ebenso denkbar wie eine von 50 cm oder 33,3 cm oder auch 40,1234 cm, wenn Lisa nur genau genug messen könnte. Sobald Lisa das Regressionsproblem gelöst hat, kann sie somit einen *beliebigen* Wert – und nicht nur einen, den sie schon einmal vermessen hat – für die Tatzengröße eingeben und eine Vorhersage für das Tiergewicht erhalten. Perfekt also, um dem wunderbaren Riesenabdruck ein Gewicht zuzuordnen!

Es gibt viele verschiedene Ansätze, um Regressionsprobleme zu lösen. Alle haben jedoch gemein, dass sie für einen beliebigen Wert der Tatzengröße eine eindeutige Vorhersage über das Tiergewicht abgeben müssen. Man spricht von einem funktionalen Zusammenhang. Wenn wir für viele aufeinanderfolgende Tatzengrößen unseren Lösungsansatz nach seiner Vorhersage fragen, erhalten wir eine Kurve.

Je nachdem, für welchen Ansatz wir uns entschieden haben, können die vorhergesagten Kurven verschieden aussehen. Man spricht auch von verschiedenen *Modellen*. Abb. 5.2 zeigt einige mögliche Kurven, die die Vorhersagen verschiedener Modelle sein könnten. Das richtige Modell für die gegebenen Daten zu finden, ist eine der größten Herausforderungen im maschinellen Lernen. Dies liegt daran, dass Zusammenhänge in der echten Welt oft deutlich komplexer als die hier gezeigten sind. Manchmal kann man aber mit Wissen darüber, was für

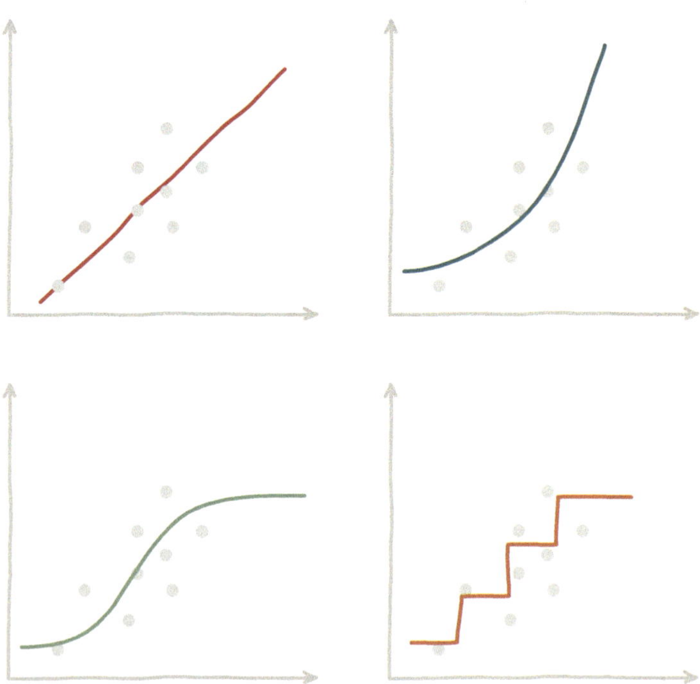

Abb. 5.2 Verschiedene Möglichkeiten der Regression. Für welche wird sich Lisa entscheiden?

Größen die Daten beinhalten und wie diese zusammenhängen, bestimmte Ansätze bevorzugen oder ausschließen. So kommen zum Beispiel häufig Probleme vor, in denen es nicht nur eine, sondern gleich mehrere Ausgangsgrößen gibt, die eine Zielgröße vorhersagen sollen. Oft sind es sogar Tausende. Die Herausforderungen, die sich hier ergeben, lassen sich in Kap. 12 zum Fluch der Dimensionalität nachlesen. Entsprechend den Anforderungen des Problems gibt es immer geeignete und weniger geeignete Modelle. Was es jedoch niemals geben kann, ist das eine Modell, welches alle Probleme löst. Eine interessante Aussage, für die sich ein Blick in das Kap. 23 zum „No Free Lunch Theorem" lohnt.

Lisa wird ihr Regressionsproblem zu dem Riesenabdruck mit einem einfachen, aber durchaus erfolgreichen Ansatz lösen: der *linearen* Regression. Wie diese funktioniert, steht in Kap. 8.

6

Klassifikation
Schubladendenken!

Jana Aberham und Jannik Kossen

Nachdem wir im letzten Kapitel die Regression kennengelernt haben, wagen wir uns jetzt an die *Klassifikation,* eine Methode des überwachten Lernens. Während wir bei einer Regression versuchen, detaillierte Vorhersagen zu treffen – das vorhergesagte Tiergewicht kann je nach Tatzengröße alle möglichen Werte von null bis tausenden Kilogramm annehmen –, reicht es uns bei der Klassifikation, aus den Daten eine sogenannte *Klasse* abzuleiten. Aus dem Kapitel zu Daten wissen wir, dass bei der Regression die genaue Vorhersage eine *stetige* Zahl ist, während

J. Aberham (✉)
Karlsruhe, Deutschland
E-Mail: jana.aberham@gmail.com

J. Kossen
Universität Heidelberg, Heidelberg, aus Darmstadt,
Deutschland

© Springer Fachmedien Wiesbaden GmbH, ein Teil von Springer Nature 2019
K. Kersting et al. (Hrsg.), *Wie Maschinen lernen,*
https://doi.org/10.1007/978-3-658-26763-6_6

bei der Klassifikation eine *Klasse,* also kategorische Daten, gesucht sind.

In diesem Kapitel wird die allgemeine Idee hinter der Klassifikation erklärt. In späteren Kapiteln stellen wir spezielle Methoden zur Klassifikation wie den k-Nächste-Nachbarn-Algorithmus (Kap. 10), die Support Vector Machine (Kap. 13) oder das neuronale Netz (Kap. 20) vor.

Um genauer zu verdeutlichen, wie eine Klassifikation mit Methoden des maschinellen Lernens ablaufen könnte, schauen wir uns mal an, was Lisa so treibt:

Nach ihren morgendlichen Abenteuern im Zoo fährt sie nachmittags in den Laden ihrer Eltern. Diese besitzen ein sehr großes Möbelgeschäft, das sich ausschließlich auf den Verkauf von Tischen und Stühlen spezialisiert hat. In den zwei Lagerhallen stehen die prächtigen Möbelstücke stilvoll angeordnet – immer ein Tisch und die passenden Stühle dazu. Diese müssen jedoch wegen der anstehenden Renovierung in der kleinen Lagerhalle von Onkel Nicolas zwischengelagert werden. Für den Transport und die Lagerung sollen nun die Stühle von den Tischen getrennt werden. Das ist sehr viel Arbeit und Lisa überlegt, wie toll es wäre, wenn eine Maschine diese für sie übernehmen könnte. Sie selbst erkennt ohne Probleme, ob es sich bei dem Möbelstück um einen Stuhl oder einen Tisch handelt, aber wie soll sie das einer Maschine beibringen?

Lisa möchte eine Regel finden, anhand der die Maschine ganz leicht prüfen kann, welcher Klasse das Möbelstück zuzuordnen ist. Daher stellt sie sich die Frage, worin sich Tische von Stühlen unterscheiden. Schwierig. Vielleicht durch die Beinlänge? Aha! Tischbeine sind viel länger als Stuhlbeine! Zur Unterscheidung von Stühlen und Tischen muss die *Maschine* lediglich die Länge der Beine messen. Das ist eine hervorragende Regel! Lisa freut sich und will diese gerade in die Maschine ein-programmieren, da fällt ihr Blick auf den Barhocker an der Küchentheke. Das wäre ein Fall, bei dem die Regel nicht so gut funktionieren würde. Der Hocker hat sogar längere Beine als so mancher Tisch, ist jedoch eindeutig zum Sitzen gedacht. Solche Regeln zu finden, ist oft nicht so einfach.

Vielleicht kann ja ein Lernalgorithmus helfen? Dieser würde verschiedene Merkmale der Möbel clever vereinen und so eine automatisierte Entscheidungsregel erlernen. Oftmals erkennen wir eine Klasse nicht an einer einzigen Eigenschaft. Erst durch eine Vielzahl unterschiedlicher Merkmale (Größe, Material, Anzahl der Beine, …) und ihren Verknüpfungen bekommen wir eine Idee davon, in welche Gruppe wir das Möbelstück einordnen müssen.

Lisa versteht, dass es sich hier um ein Klassifikations-problem handelt. Aber wie genau lässt sich dieses nun lösen? Sie ruft beim Dienst „Can-AI-Help?" an und schil-dert ihr Problem. Es wäre toll, wenn es einen Algorithmus gäbe, der die Möbelstücke automatisch einordnen würde. Sie hätte sogar schon zwei relevante Merkmale gefunden: Die Auflagefläche sowie die Beinlänge. Der nette Mensch am anderen Ende des Hörers versichert ihr, dass sich das Problem lösen wird. Aber da es sich hier um überwachtes Lernen handelt, wird Lisa am nächsten Tag wohl erst ein wenig etikettieren müssen – ähnlich wie sie für ihren Bru-der Leon die Bienenbilder ihres Biologieprojekts in Kap. 3 vorbereitet hat. Sie muss also jedem Datenpunkt im Trai-nings- und Testdatensatz eine Klasse zuweisen. Dies wird im Fachjargon auch *annotieren* (v. engl. *label*) genannt. Sie steht extra früh auf und beschriftet einige Möbelstücke aus der Lagerhalle als Stuhl oder als Tisch – je nachdem, was sie denn sind. Diese Beispiele sind ihr Trainingsdatensatz:

der Lernstoff für unseren Klassifikationsalgorithmus. (Wie schon in Kap. 3 hebt sich Lisa natürlich auch hier einige Beispiele auf, um zu testen, ob ihr Algorithmus erfolgreich gelernt hat.)

Ähnlich wie im vorherigen Kapitel über die Regression kann Lisa nun ihre Tabelle mit den Trainingsdaten in ein Koordinatensystem (siehe Abb. 6.1) eintragen. Jedes etikettierte Möbelstück wird einem Punkt zugeordnet, je nach den gemessenen Werten für Auflagefläche und Länge der Beine. Im Vergleich zur Regression kann Lisa die Punkte nun zusätzlich noch einfärben. Grün, wenn es sich um einen Stuhl und rot, wenn es sich um einen Tisch handelt. „Wow!", Lisa schaut sich ihre Grafik an und staunt. Die roten und grünen Punkte bilden zwei getrennte *Datenwolken*. Jetzt muss Lisa sich nur noch eine Regel überlegen, um die roten von den grünen Punkten zu unterscheiden.

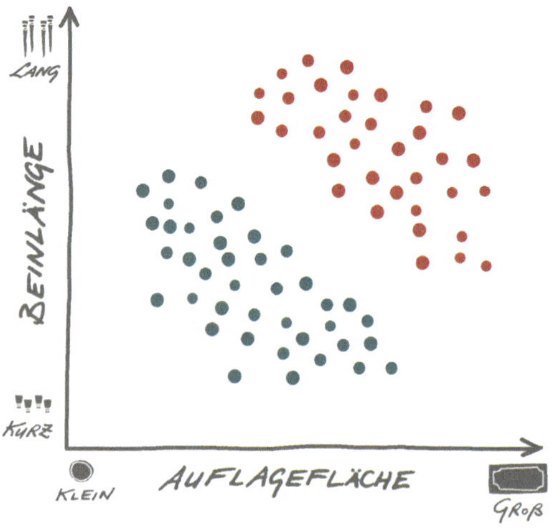

Abb. 6.1 Die Stühle und Tische werden als Punkte in Abhängigkeit von ihrer Auflagefläche und Beinlänge dargestellt

Eine Möglichkeit der Klassifikation ist, eine Trennlinie zwischen den beiden Wolken zu ziehen. Wenn sie nun die restlichen Möbel klassifizieren will, muss sie diese lediglich als zusätzlichen Punkt in das Diagramm eintragen und nachschauen, auf welcher Seite der Trennlinie sie liegen (siehe Abb. 6.2). Liegt ein Punkt auf der Seite der Tische, wird es sich höchstwahrscheinlich um einen Tisch handeln. Liegt er auf der Seite der Stühle, so ist es vermutlich auch ein Stuhl.

Diese Trennlinie zu finden, ist die Aufgabe eines Klassifikationsalgorithmus. Es gibt unterschiedliche Ansätze, die richtige Trennlinie zu finden. Dabei macht jeder Algorithmus andere Annahmen und optimiert verschiedene Problemstellungen. Somit finden sich auch ganz unterschiedliche Trennlinien (siehe Abb. 6.3), wodurch Punkte in der Nähe der Linie anders klassifiziert werden.

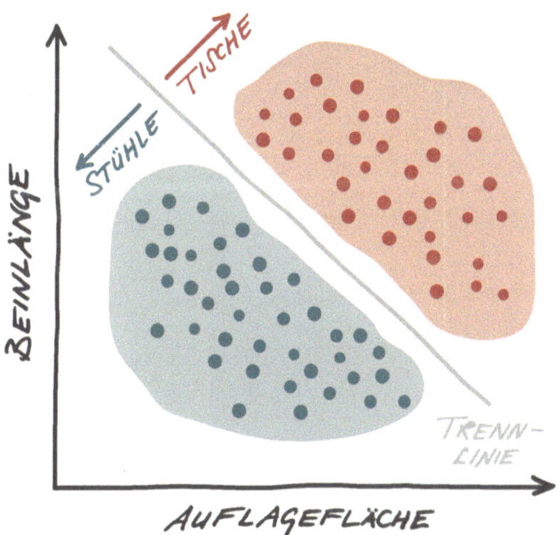

Abb. 6.2 Die Trennlinie ermöglicht eine klare Unterscheidung der beiden Klassen

Für das hier vorgestellte Beispiel hat die Wahl der Methode vermutlich keine großen Auswirkungen, da die beiden Wolken weit auseinander liegen und einfach zu trennen sind. In realen Datensätzen können die Verhältnisse aber oft komplizierter und die Daten schwerer zu trennen sein (siehe Abb. 6.4). In solchen Fällen ist es wichtig, sich genau mit den verschiedenen Methoden und ihren Vor- und Nachteilen auseinanderzusetzen. Zudem haben in echten Anwendungen Daten natürlich mehr als nur zwei Merkmale (Auflagefläche, Länge und Anzahl der Beine, Lehne, Gewicht, Farbe, Material, Preis, …). Während unser obiges Beispiel mit nur zwei Merkmalen auch

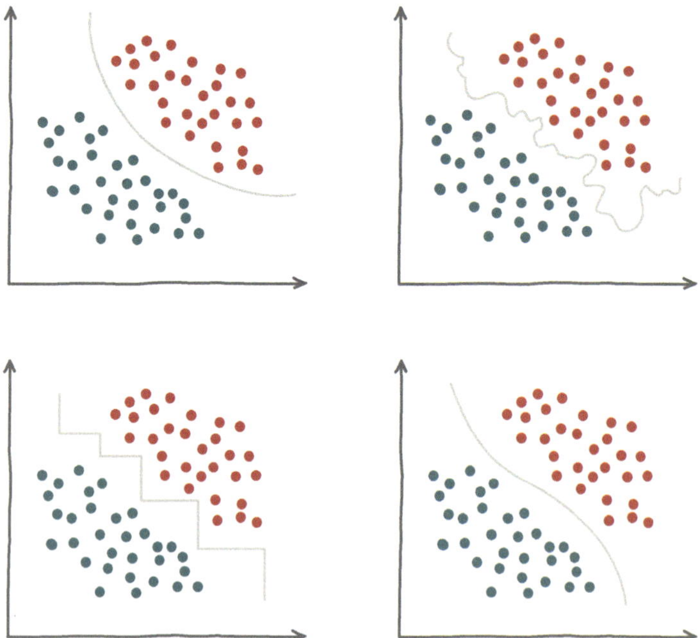

Abb. 6.3 Verschiedene Möglichkeiten, die beiden Klassen zu trennen. Welche Linie ist die beste?

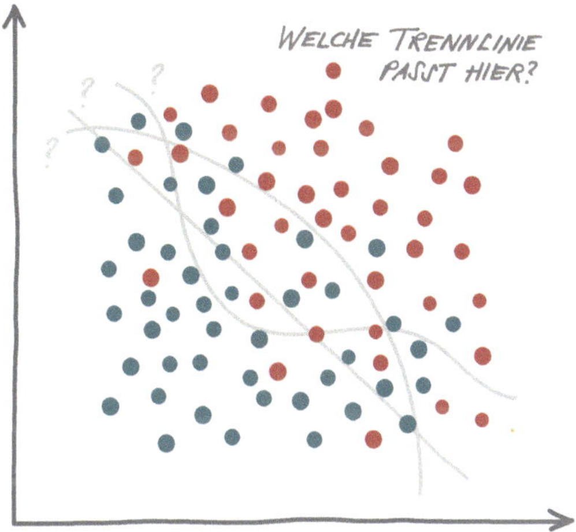

Abb. 6.4 Es ist nicht immer so leicht, die richtige Trennlinie zu finden

gut von Menschenhand lösbar ist, kommen wir Menschen mit mehr als drei Merkmalen nicht mehr so gut zurecht. Klassifikationsalgorithmen besitzen den Vorteil, dass sie auch mit Datensätzen mit großen Anzahlen an Merkmalen funktionieren. Mehr dazu im Exkurs zum Fluch der Dimensionalität in Kap. 12.

Folgendes haben wir erreicht: Dem Klassifikationsalgorithmus werden Datenpunkte und deren Klasse im überwachten Training gezeigt. Daraufhin lernt der Klassifikator Regeln, anhand derer sich die Datenpunkte den verschiedenen Klassen zuweisen lassen. Diese Regeln lassen sich nun auf neue, vorher noch nicht gesehene Datenpunkte anwenden, sodass diesen eine Klasse zugewiesen werden kann.

Schließlich lohnt sich der ganze Aufwand des Etikettierens und der Suche nach dem richtigen Algorithmus doch noch. Denn nun kann Lisa sich entspannt zurücklehnen und die Maschine bei der Arbeit beobachten. Für welchen Klassifikationsalgorithmus hat sich wohl Lisa entschieden? Hierfür lohnt sich ein Blick in Kap. 13.

7

Clusteranalyse
Gruppenzwang. Wer gehört wohin?

Jana Aberham und Fabrizio Kuruc

Lisa ist genervt. Sie würde gerne gemeinsam mit ihrem kompletten Freundeskreis etwas unternehmen. Deswegen schlägt sie ihnen verschiedene Aktivitäten vor, aber zu keinem ihrer Vorschläge sagen alle zu: Versucht sie ihren Freunden Beachvolleyball schmackhaft zu machen, dann gibt es immer einige, die keine Lust haben. Und wenn sie einen Spieleabend plant, sind davon auch nicht alle begeistert. Das Gleiche passiert, wenn sie eine Wandertour oder einen Filmabend vorschlägt. Um herauszufinden, woran das liegt, startet Lisa eine kleine Umfrage in ihrem Freundeskreis. Alle ihre Freundinnen und Freunde sollen

J. Aberham (✉)
Karlsruhe, Deutschland
E-Mail: jana.aberham@gmail.com

F. Kuruc
Buseck, Deutschland

K. Kersting et al. (Hrsg.), *Wie Maschinen lernen,*
https://doi.org/10.1007/978-3-658-26763-6_7

auf einer Skala von eins bis zehn angeben, wie sehr ihnen sportliche Aktivitäten liegen und wie sehr sie Aktivitäten zu Hause mögen. Die Antworten ihrer Freunde trägt sie in eine Tabelle (Abb. 7.1) ein und zeichnet sie anschließend zur Veranschaulichung in ein Koordinatensystem (Abb. 7.2).

Schnell bemerkt sie, dass es zwei Gruppen innerhalb ihres Freundeskreises zu geben scheint, denn die Punkte in der Grafik scheinen sich an zwei Stellen zu häufen. Die einen haben wohl eine größere Präferenz für sportliche Aktivitäten, mögen dafür Aktivitäten zu Hause scheinbar nicht so gerne. Bei den Anderen ist dies genau umgekehrt. Sie zeichnet daher je eine Wolke um diese Gruppen und benennt die eine *Sportskanonen* (orangene Wolke) und die andere *Stubenhocker* (grüne Wolke). Vielleicht sind diese Gruppen der Grund dafür, dass sie immer Absagen erhalten hat. Um zu testen, ob die gewählte Einteilung

NAME	AKTIVITÄTEN ZU HAUSE	SPORTLICHE AKTIVITÄTEN
JANNIK	1	8
NANINA	10	3
MICHAEL	2	9
MAIKE	8	8
ALEXANDROS	9	1
JOHANNES	4	10
...	...	...

Abb. 7.1 Umfrage in Lisas Freundeskreis

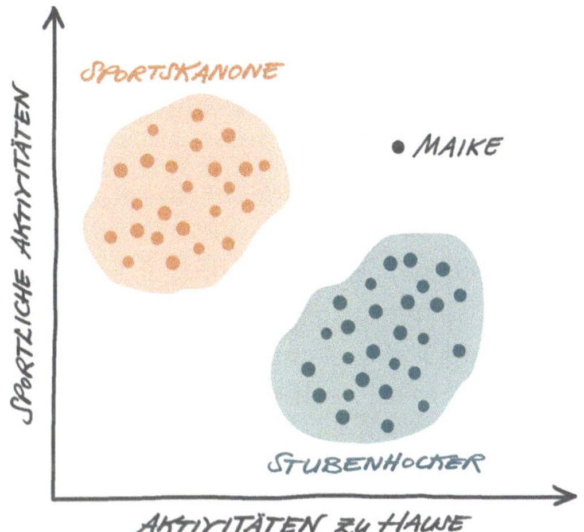

Abb. 7.2 Gruppierung in Sportskanonen und Stubenhocker

in irgendeiner Form sinnvoll ist, überlegt sich Lisa ein Experiment: Wenn sie das nächste Mal zu einem Treffen einlädt, macht Lisa jeder Person aus ihrem Freundeskreis einen zu ihrer Gruppe passenden Vorschlag. Und tatsächlich, alle Freunde aus der Gruppe der Sportskanonen haben zum Fußballspielen zugesagt, und alle Stubenhocker sind für einen Filmabend zu haben. Die Interessen waren in Bezug auf ihre Vorschläge vorher also zu unterschiedlich und liegen nun in den Gruppen näher beieinander. Lediglich ihre Freundin Maike konnte sie nicht so gut zuordnen. Ihre Interessen scheinen nicht so richtig in eine der beiden Gruppen zu passen. Sie hat auch schon eine Idee, wie sie damit umgehen soll – es lohnt ein Blick in Kap. 9 – als der Blick ihres Mitbewohners Max auf das Notizbuch fällt: „Du hältst mich für einen Stubenhocker?" Beschämt schaut Lisa zu Boden; vielleicht hätte sie für diese Gruppe eher eine andere Bezeichnung wählen sollen.

Lisa hat sich in diesem Beispiel zwei Merkmale ausgesucht, die sie für ihre Problemstellung („Warum erhalte ich so viele Absagen?") für relevant hielt. Anhand der Ausprägung dieser Merkmale konnte sie ihren Freundeskreis in zwei Gruppen einteilen. In diesem Beispiel wusste Lisa allerdings vorab nicht, wie viele Gruppen sie eigentlich identifizieren möchte. Außerdem haben ihre Freunde ja noch viele weitere Eigenschaften, wie beispielsweise ihren Humor oder ihre Gesprächigkeit. Allgemein kann man sich daher fragen, nach welchen Kriterien wir unsere Daten in Gruppen einteilen können und wie wir diese Gruppen überhaupt finden. Das Themengebiet, das sich mit der systematischen Beantwortung dieser Fragestellungen beschäftigt, wird als *Clusteranalyse* bezeichnet. Ziel der Clusteranalyse ist es, verschiedene Objekte bestimmten Gruppen zuzuordnen, sodass Objekte innerhalb einer Gruppe ähnlich zueinander sind und sich möglichst deutlich von Elementen anderer Gruppen unterscheiden. Diese Gruppen werden auch Cluster genannt.

Einige Algorithmen der Clusteranalyse fassen Objekte nach bestimmten Kriterien zu immer größeren Gruppen zusammen oder teilen sie in immer kleinere Gruppen auf. Andere Clusteralgorithmen benötigen die Anzahl der insgesamt gewünschten Gruppen, in welche die Daten eingeteilt werden sollen. Im Gegensatz zur Klassifikation muss die Bedeutung der Gruppen im Vorhinein aber nicht bekannt sein. Dementsprechend handelt es sich bei der Clusteranalyse um ein Verfahren des unüberwachten Lernens. So überlegte sich Lisa in dem Beispiel erst nach der Zusammenfassung der Freunde, was die gefundenen Gruppen bedeuten könnten. Wir werden in Kap. 11 den k-Means-Algorithmus als Beispiel kennenlernen.

Nachdem wir im ersten Teil dieses Buches die nötigen Grundlagen und Begrifflichkeiten kennengelernt haben, sind wir nun perfekt vorbereitet, um uns eine Auswahl der bekanntesten Algorithmen des maschinellen Lernens genauer anzuschauen. Darüber hinaus werden uns spannende Exkurse die Möglichkeit geben, ein wenig über den Tellerrand hinauszuschauen. Und los geht's!

Teil II

Lernverfahren und mehr

8

Lineare Regression
Einfach nur ein Strich?

Jannik Kossen und Maike Elisa Müller

Erinnern wir uns zurück an Lisas Abenteuer im sommergrünen Laubwald. Lisa wollte den Zusammenhang zwischen Tatzengröße und Tiergewicht herausfinden. Sie weiß schon, dass es sich hierbei um ein Regressionsproblem handelt. Jetzt muss sie sich nur noch für eine passende Regressionsmethode entscheiden. Sie könnte zum Beispiel eine *lineare Regression* probieren: Dort nimmt bei einer Zunahme der Ausgangsgröße um einen festen Betrag die Zielgröße ebenfalls um einen festen Betrag zu. Die Ausgangsgröße ist hier die Tatzengröße und die Zielgröße das

J. Kossen (✉)
Universität Heidelberg, Heidelberg, aus Darmstadt,
Deutschland
E-Mail: jannik.kossen@gmail.com

M. E. Müller
TU Berlin, Berlin, Deutschland

© Springer Fachmedien Wiesbaden GmbH, ein Teil von Springer Nature 2019
K. Kersting et al. (Hrsg.), *Wie Maschinen lernen,*
https://doi.org/10.1007/978-3-658-26763-6_8

Tiergewicht. Dies nennt man einen *linearen* Zusammenhang. Lisa kennt ihn schon aus der Obstwaage vom Supermarkt: Wenn sie dort Äpfel kauft, richtet sich der Preis linear nach dem Gewicht der Äpfel. In unserem Beispiel könnte es den folgenden linearen Zusammenhang geben: Wenn eine Tatze 5 cm größer als eine andere ist, wiegt das zugehörige Tier auch immer 10 kg mehr. Dies bedeutet, dass ein Tier mit einer Tatzengröße von 40 cm also 10 kg mehr wiegt als ein Tier mit einer Tatzengröße von 35 cm.

Wenn man die Punkte, die Tatzengröße mit Tiergewicht in Zusammenhang bringen, in eine Grafik einzeichnet, so liegen diese – mit etwas Fantasie – auf einer geraden Linie. Eine lineare Regression findet genau so eine gerade Linie (auch Gerade genannt) und scheint hier also die richtige Lösung zu sein. Lisa könnte sich aber auch zum Beispiel für eine sogenannte quadratische Regression entscheiden. Hier würde sich statt einer Geraden eine krumme Kurve, eine sogenannte Parabel, ergeben. Nimmt die Ausgangsgröße um einen festen Betrag zu, so nimmt die Zielgröße nun *nicht mehr* um einen festen Betrag zu. Stattdessen hängt die Zunahme der Zielgröße von dem Wert der Ausgangsgröße ab und kann zum Beispiel mit wachsender Ausgangsgröße immer größer werden.

Wie führt Lisa also eine lineare Regression durch? Sie schaut sich nochmal ihre gezeichnete Grafik an (siehe Abb. 5.1) und überlegt sich, wie genau sie die Punkte sinnvoll miteinander in Verbindung bringen kann. Dabei stellt sie fest, dass dies gar nicht so einfach ist. Würden ihre Ergebnisse so wie in Abb. 8.1 aussehen, wäre das Ergebnis klar: Es ließe sich einfach eine Gerade durch die Punkte zeichnen und dann das Gewicht des unbekannten Tieres erfahren. Wie wir aber schon festgestellt haben, sehen Lisas Daten leider *nicht* so schön aus. Trotzdem scheint es auf den ersten Blick nicht verkehrt zu sein, eine gerade Linie durch die Punkte zu legen. Aber wie soll diese Linie dann aussehen? Welche ist die beste Gerade (siehe Abb. 8.2)?

Da es Lisa anscheinend nicht möglich ist, eine Gerade zu finden, die *direkt* durch alle Datenpunkte geht, versucht sie, diejenige Gerade zu finden, die am nächsten an ihren Datenpunkten liegt. Wie kann sie dies erreichen? Sie probiert erst einmal verschiedene Geraden aus und beobachtet, wie groß der Abstand eines jeden Datenpunktes zu dieser Geraden ist. Die Summe dieser Abweichungen bezeichnet man als *Fehler* der Geraden. Diesen Fehler möchte Lisa so klein wie möglich machen, um somit die bestmögliche Gerade zu finden. Lisa wackelt also an der Geraden, dreht und verschiebt diese, und schaut, wie sich der Fehler verändert. Schlussendlich

Abb. 8.1 Doch leider sind die Dinge oft nicht so einfach!

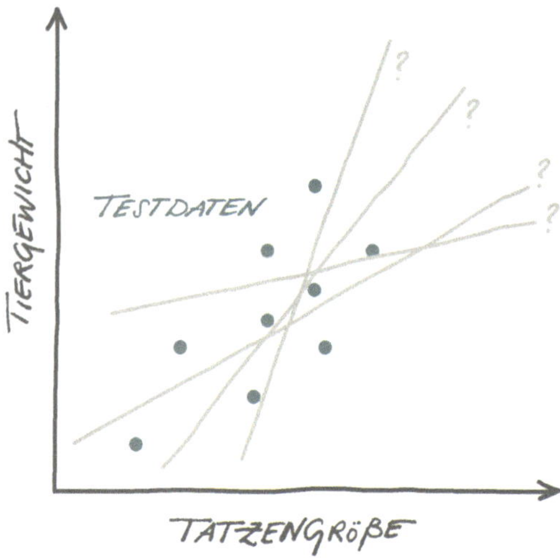

Abb. 8.2 Welche dieser Geraden passt am besten zu den Daten?

nimmt sie diejenige Gerade, die den kleinsten Fehler aufweist (siehe Abb. 8.3). Unter allen möglichen Geraden beschreibt diese Gerade die von ihr gemessenen Daten am besten. Praktischerweise muss man in der Realität nicht an den Geraden wackeln, sondern kann direkt mittels mathematischer Methoden die bestmögliche Gerade aus den

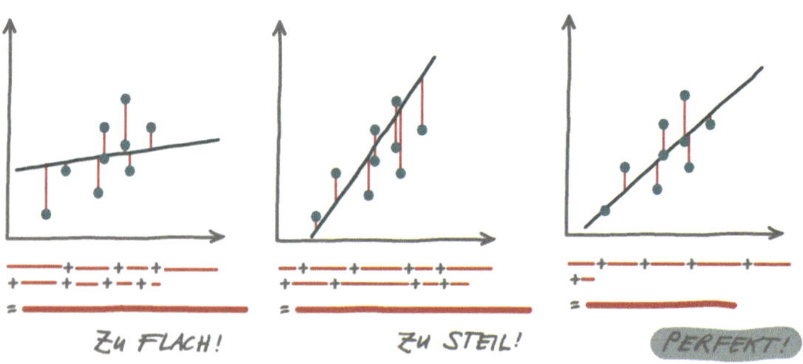

Abb. 8.3 Die Gerade mit dem kleinsten Fehler ist die beste

aufgezeichneten Datenpunkten bestimmen (siehe Infokasten). Wer keine Mathematik benutzen möchte, darf aber gerne auch wackeln.

Nach ihrer Auswertung kann Lisa nun für beliebige Tatzengrößen Vorhersagen (siehe Abb. 8.4) über das Gewicht des zugehörigen Tieres treffen. Auch das Gewicht zu der mysteriösen Riesentatze kann sie nun ermitteln. Dies funktioniert, indem sie auf der x-Achse – die mit den Tatzengrößen – nach der Größe der gemessenen Tatze sucht. Dort angekommen schaut sie senkrecht nach oben, bis sie ihre Gerade kreuzt. An dem Punkt, an dem sie die Gerade kreuzt, schaut sie waagerecht nach links und kann nun ihren Vorhersagewert für das unbekannte Tiergewicht zum gemessenen Fußabdruck an der y-Achse ablesen.

Da die Daten nicht perfekt auf einer Geraden liegen, führt dies selbst bei den *beobachteten* Tatzengrößen

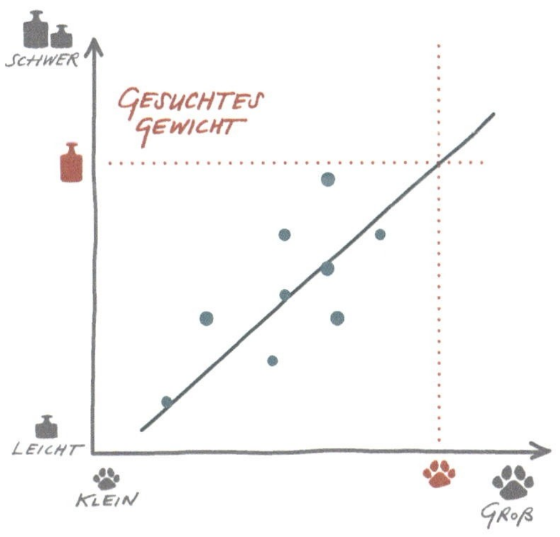

Abb. 8.4 Für jede beliebige Tatzengröße (rot) kann Lisa nun mithilfe der Gerade eine Vorhersage über das Gewicht (rot) treffen

zu Abweichungen der Vorhersagen von den gemessenen Tiergewichten. Der vorhergesagte Wert des Gewichts des unbekannten Tieres liegt aber vermutlich nah genug am wahren Wert.

Fassen wir zusammen, was Lisa getan hat: Ausgehend von der Größe der monstergroßen Tatze wollte sie eine Vorhersage über das Gewicht des zugehörigen, unbekannten Tieres treffen. Dazu hat sie zunächst die Tatzengrößen und das Gewicht verschiedener Tiere aus dem Zoo gesammelt. Diese Daten hat Lisa in eine Grafik eingetragen und festgestellt, dass diese ungefähr auf einer Geraden liegen. Nachdem sie die beste Gerade gefunden hat, kann sie diese nutzen, um Vorhersagen zu treffen. Allein aus der Größe der Riesentatze ist es ihr am Ende möglich, eine Vorhersage über das Gewicht des Tieres zu treffen.

Mit der linearen Regression haben wir in diesem Kapitel eine sehr einfache Vorhersagemethode des maschinellen Lernens kennengelernt. Oftmals lässt sich mit diesem einfachen Ansatz aber schon viel erreichen. Für schwierigere Zusammenhänge funktioniert dieser aber nicht immer. Dann müssen kompliziertere Methoden ans Werk, von denen wir in den nachfolgenden Kapiteln einige kennenlernen werden.

Aber dennoch: Ist in den Medien die Rede von einer KI, die aus ihrem Bewegungsprofil (vom Handy aufgezeichnet) ihr Alter vorhersagt, so kann es sein, dass sich hier nichts weiter als eine lineare Regression verbirgt. So einfach kann KI sein!

Wie bekomme ich die bestmögliche Gerade?

Auch wenn die Erinnerungen womöglich dunkel und verschwommen sind, werden die meisten von Ihnen in der Schule bereits Geradengleichungen gesehen haben.

Als kleine Erinnerung: Eine Gerade wird durch die Gleichung $y = m * x + b$ beschrieben, wobei m die Steigung der Geraden bezeichnet und b der y-Achsenabschnitt ist, d. h. der Wert, an dem unsere Gerade bei $x = 0$ die y-Achse schneidet. Für eine gegebene Tatzengröße erhalten wir nun das vorhergesagte Gewicht des Tieres, indem wir die Tatzengröße für x in unsere Geradengleichung einsetzen und daraus unser vorhergesagtes Gewicht y berechnen. Um die Geradengleichung so benutzen zu können, müssen wir aber schon wissen, welche Steigung m und welchen Achsenabschnitt b unsere Gerade hat. Um dies herauszufinden, können wir nun mehrere Datenpunkte messen und daraus eine Gleichung für den Fehler in Abhängigkeit von den gewählten m und b aufstellen, d. h. die Abweichung unseres vorhergesagten Tiergewichtes y und des tatsächlich gemessenen Tiergewichtes. Diese Abweichungen quadrieren wir und addieren sie auf. Ein Grund für das Quadrieren ist, dass somit egal ist, ob unsere Abweichungen nach oben oder unten sind, d. h. ob wir das Gewicht zu groß oder zu klein geschätzt haben. Dazu wollen wir diejenigen Parameter m und b finden, die die Summe der quadratischen Abweichungen möglichst klein machen, denn die Parameter mit dem geringsten Fehler beschreiben die Daten am besten. Dieses Verfahren nennt sich die *Kleinste-Quadrate-Methode*. Im obigen Beispiel haben wir das Quadrieren der Einfachheit halber weggelassen.

Es gibt nun verschiedene Möglichkeiten, die Parameter zum kleinsten Fehler zu finden. Analog zum „Wackeln an der Kurve", wie in unserer Geschichte, könnte man auch hier einfach verschiedene Werte von m und b ausprobieren. Wie man mathematisch „ausprobiert" und sich Schritt für Schritt der Lösung nähert, ist im Kap. 22 zum Gradientenabstiegsverfahren erklärt. Bei einer einfachen linearen Regression muss man aber gar nicht ausprobieren, sondern kann stattdessen direkt eine Lösung mit der sogenannten Differenzialrechnung herleiten.

9

Ausreißer
Ausnahmen von der Regel

Jannik Kossen und Maike Elisa Müller

Lisa ist begeistert von ihrem Modell aus Kap. 8. Sie freut sich, dass sie das Gewicht von Tieren anhand ihres Fußabdrucks ungefähr schätzen kann. Als sie die Tiere im Zoo vermessen hat, hat sie zunächst allerdings nur die in Deutschland heimischen Tiere untersucht. Um noch mehr Daten zu sammeln und ihr Ergebnis genauer zu machen, beginnt sie, auch exotischere Tiere zu vermessen. Sie trägt diese Informationen ebenfalls in ihr Diagramm ein und wird auf einmal stutzig, als sie die Ergebnisse sieht.

J. Kossen (✉)
Universität Heidelberg, Heidelberg, aus Darmstadt, Deutschland
E-Mail: jannik.kossen@gmail.com

M. E. Müller
TU Berlin, Berlin, Deutschland

© Springer Fachmedien Wiesbaden GmbH, ein Teil von Springer Nature 2019
K. Kersting et al. (Hrsg.), *Wie Maschinen lernen,*
https://doi.org/10.1007/978-3-658-26763-6_9

Lisa stellt fest, dass eines der Tiere, von dem sie die Daten gesammelt hat, ein extrem hohes Körpergewicht hat, aber gar keine so großen Fußabdrücke – eine Giraffe!

Lisa ist zunächst überrascht, die Daten scheinen sehr ungewöhnlich zu sein. Hat sie sich etwa verschrieben? Sollte sie dieses Tier einfach ignorieren oder wäre das ein Fehler?

Wenn sie nun die ideale Gerade so wie in Kap. 8 zeichnet, dann sieht diese plötzlich anders aus (siehe Abb. 9.1). Dies liegt daran, dass der neue Messpunkt einen sehr großen Abstand zu den anderen Punkten hat. Würde Lisa beim Finden der richtigen Geraden diesen Punkt ignorieren, so würde der Gesamtfehler nur aufgrund dieses einen Punktes sehr groß werden. Es ist also besser, die Gerade ein wenig in Richtung der Giraffe zu korrigieren. Hierbei nimmt man nun für die anderen Punkte etwas größere

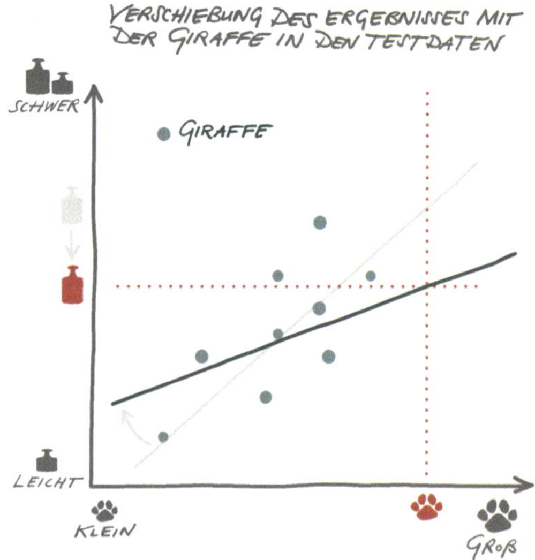

Abb. 9.1 Ein einzelner Ausreißer kann die Gerade stark beeinflussen

Fehler in Kauf, kann aber den großen Fehler des neuen Punktes etwas abdämpfen. So hat schon dieser eine Ausreißer einen großen Einfluss auf die gefundene Gerade.

Die Frage ist, wie man zu solchen Ausreißern steht. Nun, man könnte sich zum Beispiel dafür entscheiden, diesen Punkt und seinen Abstand zur Gerade zu ignorieren. Das ist in diesem Fall sinnvoll, denn Lisa studiert Biologie und meint, dass Tiere mit hohem Gewicht und kleinen Fußabdrücken die Ausnahmen sind. Somit glaubt sie, die Giraffe getrost vernachlässigen zu können und bei der bereits gefundenen Gerade zu bleiben. Das neue Tier wäre im Jargon des maschinellen Lernens ein *Ausreißer* — im Gegensatz zu den Regelfällen, die durch unsere Gerade beschrieben werden.

Es gibt Methoden, um solche Ausreißer automatisch zu erkennen. Trotzdem bleibt es extrem schwer, mit Sicherheit zu entscheiden, wann ein Punkt wirklich ein Ausreißer, und damit vernachlässigbar ist. Unter Umständen kann es sich nämlich auch um einen sehr wichtigen Punkt handeln, der eine Eigenschaft der Daten zeigt, die bisher nicht berücksichtigt worden ist. Das Entfernen eines solchen Punktes würde die Daten dann gefährlich verfremden. Möglicherweise ist das auffällige Tier gar nicht so ungewöhnlich und Lisa hat in ihren Vorlesungen nicht so gut aufgepasst, wie sie dachte. (Hat Lisa noch nie ein Reh, Pferd oder eine Kuh gesehen? Gab es die nicht im Zoo?) Im Zweifelsfall ist es immer eine gute Idee, die Ausreißer mit Experten, die sich gut mit den Daten auskennen, zu besprechen.

Denn ein Vernachlässigen von Ausreißern kann zu ernsthaften Problemen führen. Mit einem solchen Fall hatten es Forscher der NASA um 1980 zu tun. Ihre Software hatte Ozonwerte gemessen, die niedrigen Werte über der Antarktis für Ausreißer gehalten und als solche automatisch aussortiert. Dadurch wurden diese bei den Auswertungen nicht beachtet und statt der NASA haben letztendlich erst später britische und japanische Forscher diese „Ausreißer" als das Ozonloch über der Antarktis enttarnt.[1] Ein pflichtbewusster Umgang mit Ausreißern ist wichtig, aber leider nicht leicht.

---

[1]Die tatsächliche Geschichte ist etwas nuancierter und lässt sich unter anderem in den folgenden Links nachlesen. https://robjhyndman.com/hyndsight/omitting-outliers/, abgerufen am 20.01.2019 https://www.math.uni-augsburg.de/htdocs/emeriti/pukelsheim/1990c.pdf, abgerufen am 20.01.2019.

10

k-Nächste-Nachbarn
Nachbarschaftshilfe mal anders

Michael Neumann

Lisa arbeitet montags und mittwochs in einem Bekleidungsgeschäft. Ihrer Chefin Dorothea fällt es häufig schwer, die richtige Anzahl an Mitarbeitern und Mitarbeiterinnen einzuteilen, da die Anzahl der Kunden von Tag zu Tag stark schwankt. Es scheint, als hätten Sonderangebote oder das Wetter einen Einfluss darauf. Lisa überlegt sich, wie sie vorhersagen könnte, wie viele Kunden das Geschäft pro Tag besuchen. Dafür möchte sie Tage untersuchen, die sich im Bezug auf Wochentag, Wetter und Sonderangebote ähneln. Sie hat bereits über mehrere Wochen Daten erfasst und *gelabelt,* also mit einer Klasse versehen (siehe Abb. 10.1). Wie bereits in Kap. 6 zur

M. Neumann (✉)
Haßfurt, Deutschland
E-Mail: neumann.michael1993@gmx.de

K. Kersting et al. (Hrsg.), *Wie Maschinen lernen,*
https://doi.org/10.1007/978-3-658-26763-6_10

Klassifikation erläutert, ist diese Vorarbeit nötig, um überwachte Lernverfahren anwenden zu können.

Werden nun zum Beispiel an einem bewölkten Montag mit Sonderangeboten (letzter Datenpunkt in Abb. 10.1, Tag X) wenige oder viele Kunden erwartet? Für den Anfang möchte Lisa nicht eine konkrete Anzahl von Kunden vorhersagen (dies wäre eine Regression), sondern lediglich abschätzen, ob an einem bestimmten Tag mit vielen oder wenigen Kunden zu rechnen ist.

Für die Klassifikation dieses Datenpunktes, also dessen Zuordnung in die Klasse „wenige Kunden" oder „viele Kunden", kann sie auf die vorher gesammelten Daten zurückgreifen. Sie möchte nun für Tag X eine Vorhersage treffen und vergleicht diesen mit den drei ähnlichsten Tagen. Hierzu benötigt sie eine Möglichkeit, die *Ähnlichkeit* bzw. *Verschiedenheit* von Datenpunkten zu bestimmen. Sie entscheidet sich dafür, die Anzahl der unterschiedlichen Eigenschaften zwischen den Tagen zu zählen. Betrachten wir den zu klassifizierenden Tag X (Montag, bewölkt, ja) und Tag 1 (Montag, bewölkt, nein),

NR.	WOCHENTAG	HIMMEL	SONDER-ANGEBOT	KUNDEN
1	MONTAG	BEWÖLKT	NEIN	WENIGE
2	MITTWOCH	BEWÖLKT	JA	VIELE
3	MONTAG	WOLKENFREI	NEIN	WENIGE
4	MITTWOCH	WOLKENFREI	NEIN	VIELE
5	MONTAG	WOLKENFREI	JA	VIELE
...	...	...	...	...

TAG X : MONTAG, BEWÖLKT, MIT SONDERANGEBOT
WENIGE ODER VIELE KUNDEN ?

Abb. 10.1 Ausschnitt der Daten vergangener Tage

so unterscheiden sich die beiden Tage in genau einer Eigenschaft, nämlich darin, ob es ein Sonderangebot gab oder nicht. Der Unterschied beträgt daher 1. Die Verschiedenheit von Tag 2 und Tag 4 beträgt 2, da sie sich in zwei Eigenschaften unterscheiden. Die Unterschiedlichkeit zwischen dem neuen Datenpunkt und allen bisherigen Tagen ist bereits in Abb. 10.2 eingetragen, wobei die drei ähnlichsten Tage unterstrichen wurden. Eine rote Hervorhebung zeigt die Unterschiede der Datenpunkte zum neuen Datenpunkt.

Am ähnlichsten sind also Tag 1, Tag 2 und Tag 5. Diese Tage bezeichnen wir als Nachbarn des Tages X. Da an der Mehrheit dieser Nachbar-Tage viele Kunden das Geschäft besuchten, geht Lisa auch an diesem Montag (Tag X) von einer großen Kundenzahl aus.

Folgendes Prinzip steckt hinter dem Algorithmus: Soll ein neuer Datenpunkt klassifiziert werden, so wird dessen Klasse durch die Mehrheit der *nächstliegenden* k Datenpunkte, auch *Nachbarn* genannt, bestimmt. k ist hierbei ein Platzhalter für die gewählte Zahl an Nachbarn.

Lisas Chefin Dorothea ist begeistert von der Idee, die Kundenzahlen auf diese Art und Weise vorherzusagen, um

Nr.	Wochentag	Himmel	Sonder-angebot	Kunden	Verschie-denheit
1	Montag	Bewölkt	Nein	Wenige	1
2	Mittwoch	Bewölkt	Ja	Viele	1
3	Montag	Wolkenfrei	Nein	Wenige	2
4	Mittwoch	Wolkenfrei	Nein	Viele	3
5	Montag	Wolkenfrei	Ja	Viele	1
...	...	...	...	...	...

Tag X: Montag, Bewölkt, mit Sonderangebot

Abb. 10.2 Ausschnitt der Daten mit berechneter Verschiedenheit zum aktuellen Montag

die Mitarbeiter besser einteilen zu können. Nach einigen Wochen Testbetrieb entscheiden die beiden gemeinsam, das System künftig weiterhin zu verwenden. Damit auch alle Arbeitskollegen von Lisa das Prinzip der Vorhersage verstehen, präsentiert sie den Algorithmus in einer Mittagspause und beschreibt hierbei einige grundlegende Details:

Der Parameter k, also die Anzahl der zu betrachtenden Nachbarn, muss bei der Klassifikation neuer Daten vorgegeben werden. Abhängig vom jeweiligen Datensatz kann das *optimale k* stark variieren. Das beste k kann durch Ausprobieren verschiedener k-Werte und anschließendem Überprüfen auf dem Testdatensatz, wie in Kap. 3 beschrieben, gefunden werden. Ein Sonderfall ist $k=1$, womit jeder neue Datenpunkt genau wie sein nächster Nachbar klassifiziert wird. Abb. 10.3 skizziert ein weiteres

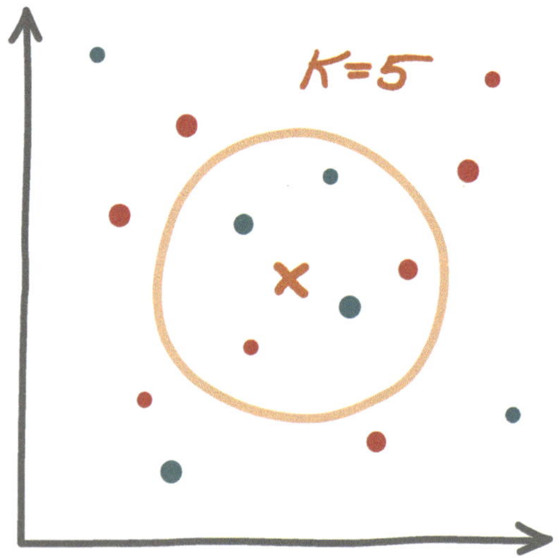

Abb. 10.3 Skizze von k-Nächste-Nachbarn mit k = 5

Beispiel mit $k = 5$. Gehört der neue Datenpunkt (gekennzeichnet durch ein x) zur Klasse der roten oder grünen Punkte? In diesem Fall würde der Algorithmus die grüne Klasse ausgeben, da drei der fünf nächstgelegenen Nachbarn, und damit die Mehrheit, ebenfalls zu dieser Klasse gehören. Bei vielen Daten ist ein großes k sinnvoll, um einzelne Ausreißer nicht zu stark zu gewichten (siehe dazu auch Kap. 9).

Die Verschiedenheit von Datenpunkten

Um die Verschiedenheit von Punkten bestimmen zu können, muss der Abstand zwischen zwei Punkten definiert und der neue Datenpunkt mit allen bisherigen Punkten dementsprechend verglichen werden. Bei Datenpunkten, die auf einer Landkarte liegen, ist dies beispielsweise häufig einfach der Abstand in *Luftlinie* (siehe Abb. 10.4). Hierbei dient eben genau die intuitiv verstandene Entfernung zwischen zwei Punkten als Maß der Verschiedenheit. Neben der Luftlinie wird zur Bestimmung der Verschiedenheit bei Punkten im 2-dimensionalen Raum gerne auch die *Manhattan-Distanz* (siehe Abb. 10.5) genutzt. Hierbei wird nur waagerecht und senkrecht gemessen – als ob man um Manhattans Häuserblöcke läuft. Für kategorische Attribute wird häufig die oben schon genutzte, sogenannte *Hamming-Distanz* verwendet, welche die Anzahl der unterschiedlichen Eigenschaften zählt. Abb. 10.6 skizziert diese nochmals beispielhaft daran, wie stark sich Personen unterscheiden.

Nach anfänglicher Skepsis konnte Lisa ihre Arbeitskollegen überzeugen. Aufgrund der nun effizienteren Einplanung der Mitarbeiter möchten diese den Algorithmus nicht mehr missen.

In diesem Kapitel wurde das *k-Nächste-Nachbarn*-Verfahren zur Klassifikation eingeführt. Als sog. *fauler Lernalgorithmus* (engl. *lazy learner*) verzichtet

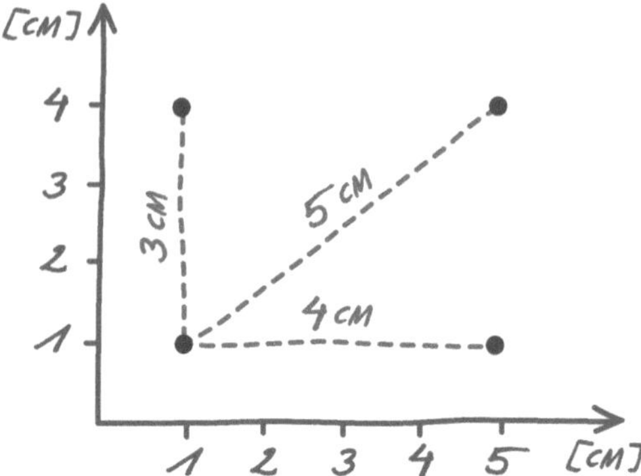

Abb. 10.4 Verschiedenheit des Punktes unten links zu den anderen Punkten mit der Euklidischen Distanz (Luftlinie)

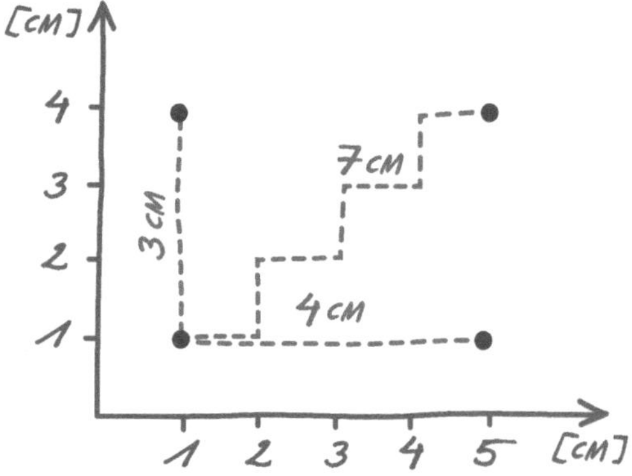

Abb. 10.5 Verschiedenheit des Punktes unten links zu den anderen Punkten mit der Manhattan-Distanz

k-Nächste-Nachbarn *(k-NN,* engl. *k-nearest-neighbors)* auf einen vorgeschalteten Lernprozess. Statt beispielsweise eine Trennlinie aus den Trainingsdaten zu lernen, werden zur späteren Klassifikation direkt die bekannten, gelabelten Datenpunkte verwendet.

	GRÖSSE	HAARFARBE	AUGEN-FARBE
PERSON 1	MITTEL	BRAUN	GRÜN
PERSON 2	MITTEL	BRAUN	BRAUN
PERSON 3	GROSS	SCHWARZ	BRAUN

	DISTANZEN
PERSON 1–2	1 (AUGENFARBE)
PERSON 2–3	2 (GRÖSSE, HAARFARBE)
PERSON 3–1	3 (ALLE DREI ATTRIBUTE)

Abb. 10.6 Verschiedenheit der angegebenen Personenpaare durch die Hamming-Distanz

Wir haben gesehen, dass auch dieser Algorithmus nicht alles von selbst löst. Je nach Anwendungsfall müssen Stellschrauben wie das verwendete k oder die Methode zur Bestimmung der Abstände zwischen Datenpunkten angepasst werden.

Achtung: Bei der Abkürzung k-NN ist im deutschen Sprachraum etwas Vorsicht geboten, da künstliche neuronale Netze (siehe Kap. 20) in der Literatur teilweise ebenfalls mit *KNN* abgekürzt werden.

11

k-Means-Algorithmus
Finde deine Mitte

Dorothea Müller

„Oh, ups,…" – hätte Lisa doch mal besser aufgepasst! Als sie ihren Onkel, den Professor Steffen Rombledure besucht, kippt ihr ein ganzer Stapel von Papieren und Dokumenten von seinem Schreibtisch. Aber da er gerade das Zimmer verlassen hat, um Kaffee zu holen, ließe sich das Chaos vielleicht etwas eindämmen, bis er wiederkommt?! Ideal wäre es, ein paar Stapel oder Gruppen von Dokumenten zu bilden, die irgendwie zusammengehören, überlegt sich Lisa, während sie durch die Unterlagen blättert. Wie gut, dass sie rein zufällig schon eine Idee hat, mit welchem Algorithmus das machbar wäre: *k-Means-Clustering!*

D. Müller (✉)
TU Berlin, Berlin, Deutschland
E-Mail: dorothea@bccn-berlin.de

© Springer Fachmedien Wiesbaden GmbH, ein Teil von Springer Nature 2019
K. Kersting et al. (Hrsg.), *Wie Maschinen lernen,*
https://doi.org/10.1007/978-3-658-26763-6_11

Was sie dafür braucht? Zunächst die *Anzahl der Gruppen*. Lisa ist etwas überfordert, entscheidet sich aber, erst einmal alles auf zwei Gruppen aufzuteilen. Anders als im vorherigen Kapitel steht beim k-Means-Algorithmus das *k* für die Anzahl der Gruppen, welche man bilden möchte. Hier ist *k* also 2. Dann benötigt sie noch *Merkmale*, anhand derer sich die Gruppen unterscheiden könnten. Wie könnte sie die verschiedenen Textdokumente einteilen?

Eine Möglichkeit wäre es, die Länge der Dokumente zu betrachten, beispielsweise gemessen an der Anzahl der Wörter. Eine andere, die Anzahl der benutzten Fremdwörter zu zählen, also Wörter, die Lisa irgendwie spanisch vorkommen. Aber auch das Gewicht des Papiers wäre ein mögliches Merkmal, denn einige der Unterlagen sind auf dickerem Papier gedruckt. Lisa entscheidet sich, blitzschnell alle Wörter zu zählen und in Windeseile die Blätter zu wiegen. Sie erhebt also zwei Merkmale, das Papiergewicht und die Anzahl der Wörter. Das ergibt dann Punktwolken wie in Abb. 11.1.

Als Mensch ist es relativ offensichtlich, wie sich hier Gruppen einzeichnen lassen. Aber wie könnte Lisa dies einem Computer beibringen (s. Abb. 11.2)? Die intuitive Idee des Algorithmus ist, dass sich für jede Gruppe (also für jedes sogenannte *Cluster*) ein Punkt finden lässt, der das typische Aussehen des ganzen Clusters beschreibt. Er ist gewissermaßen der Prototyp und der Mittelpunkt aller Punkte dieses Clusters. Alle Punkte eines Clusters sind diesem Mittelpunkt näher als den Mittelpunkten anderer Cluster (siehe Abb. 11.3).

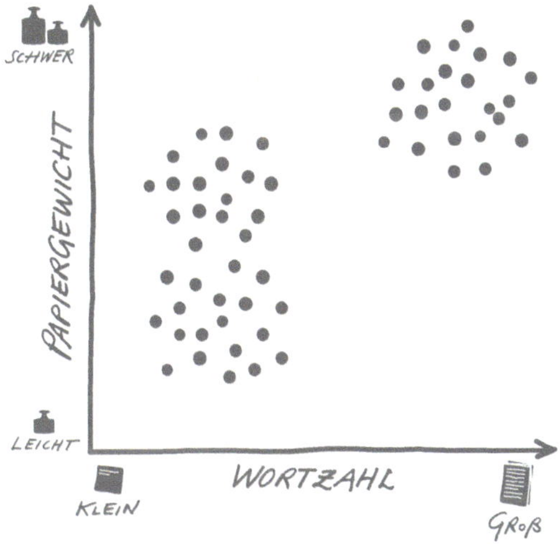

Abb. 11.1 Für alle Dokumente werden die gewählten Eigenschaften erhoben und eingetragen

Abb. 11.2 Der Algorithmus muss nur seine Mitte finden

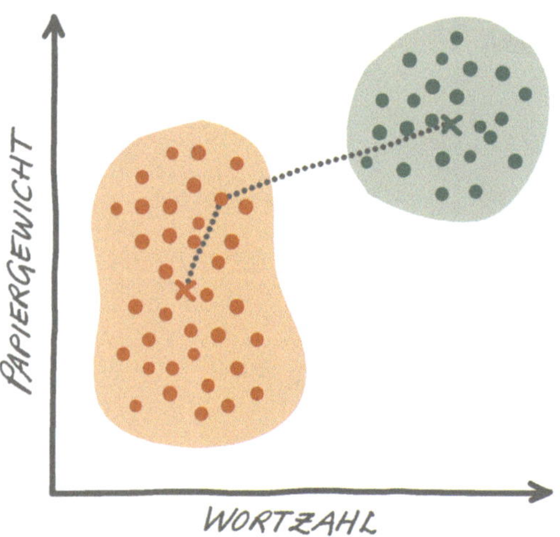

Abb. 11.3 Die Distanz eines Punktes zu den Mittelpunkten

Der Algorithmus funktioniert wie folgt:

1. Beginn

Am Anfang weiß man nicht, wo die optimalen Mittelpunkte für die Cluster liegen. Eine Vorgehensweise ist daher, mit k zufällig gewählten Datenpunkten als potenzielle Mittelpunkte zu starten. Lisa will die Dokumente in zwei Gruppen aufteilen, würde also zwei beliebige Punkte wählen (Schritt 1 in Abb. 11.4).

2. Zuordnen

Nun ordnet man alle Datenpunkte, also Dokumente, einem Cluster zu. Dazu nimmt man einen Datenpunkt und schaut sich an, wie weit er von den jeweiligen Mittelpunkten entfernt ist. Jetzt kann man ihn entsprechend dem jeweiligen Mittelpunkt, welchem er am nächsten ist, zuordnen und einfärben (Schritt 2 in Abb. 11.4).

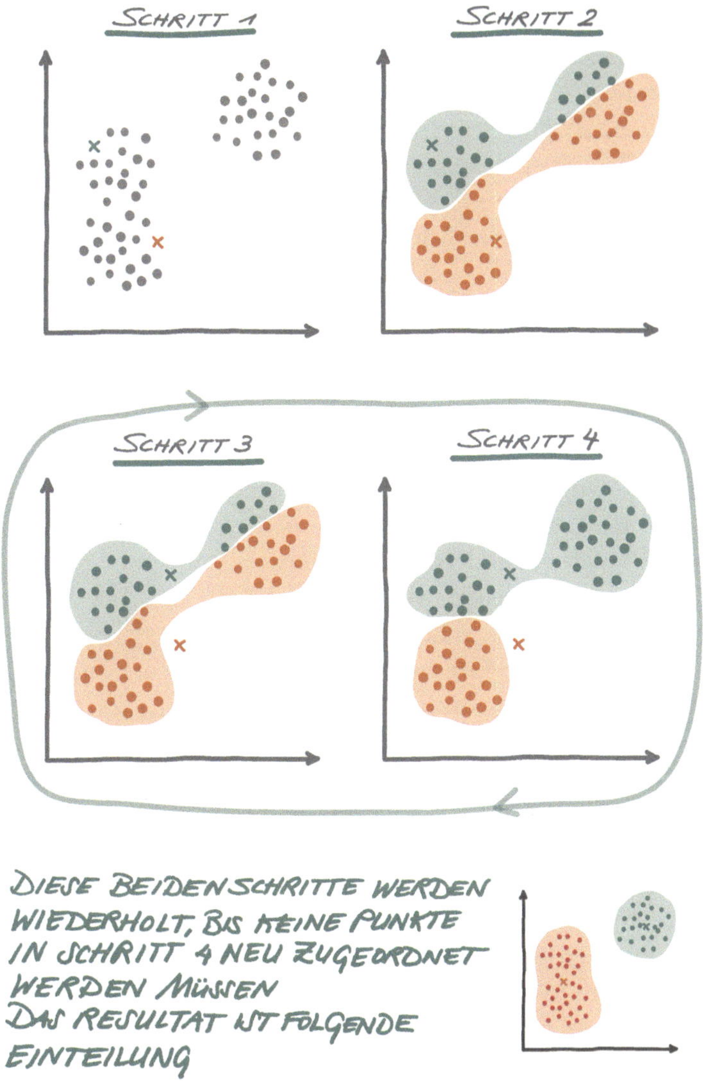

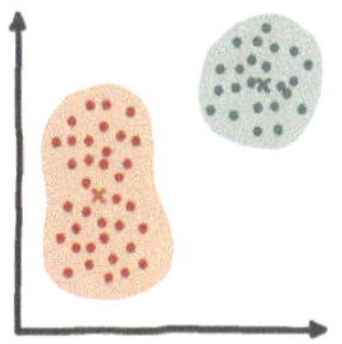

Abb. 11.4 So wird geclustert!

3. Aktualisieren der Mittelpunkte

Der Mittelpunkt beschreibt nun nicht mehr perfekt das „typische" Aussehen der Gruppe! Wie kann man dies beheben? Man berechnet ihn nun neu aus allen Punkten, die der entsprechenden Gruppe zugeordnet sind. Übrigens: Der neue Mittelpunkt muss nicht mehr einer der Datenpunkte sein (Schritt 3 in Abb. 11.4).

Moment mal – da sich die Mittelpunkte verändert haben, kann es jetzt sein, dass es Datenpunkte gibt, die einem anderem Mittelpunkt als dem ihrer Gruppe näher sind. Genau! Daher wiederholt man jetzt das Zuordnen der Punkte (erneut Schritt 2, in Abb. 11.4 ist dies Schritt 4) und das Aktualisieren der Mittelpunkte (Schritt 3) immer wieder. Wenn man keine Punkte mehr einem anderen Cluster zuordnen muss und sich die Mittelpunkte nicht mehr verändern, ist man fertig.

Lisa ist zufrieden. Sie konnte mithilfe des Algorithmus zwei Gruppen von Dokumenten bilden. Nun ist sie neugierig, was ihre Gruppen eigentlich bedeuten: Eine Sache ist es, Gruppen aus ähnlichen Dokumenten oder anderen Daten zu bilden, eine andere, sich zu überlegen, was sie inhaltlich beschreiben. Lisa überlegt: Alle wissenschaftlichen Texte des Professors sind bestimmt lang – die grüne Punktwolke beschreibt also sicherlich akademische Arbeiten. Die anderen Texte sind kürzer, also vielleicht Notizen von verschiedenen Konferenzen, die er im Laufe der Zeit auf seinem Schreibtisch angehäuft hat. Was passiert, wenn man die Dokumente in mehr Gruppen unterteilen möchte? Für $k=3$, also drei Gruppen, merkt Lisa, dass einige von den Blättern mit kurzen Texten deutlich schwerer als der Rest sind und sich aus ihnen eine eigene Gruppe bilden lässt (Abb. 11.5). Was kann Lisa daraus schlussfolgern? Stammen die Notizen vielleicht von einer bestimmten Konferenz oder macht der Professor nebenher heimlich Notizen auf anderem Papier, um mit einem Liebesroman Erfolg zu

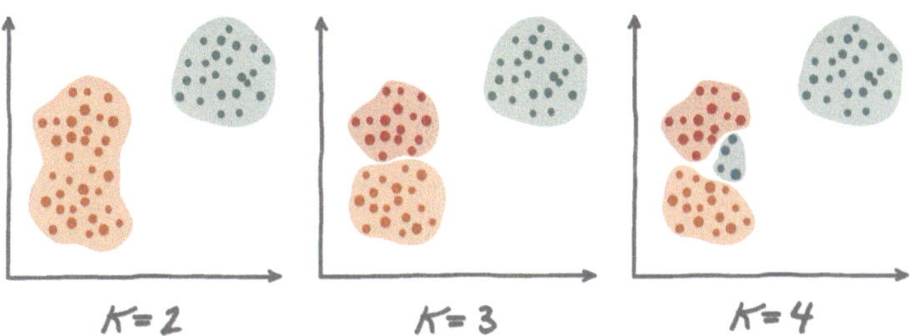

Abb. 11.5 Je nach *k* (also je nach Anzahl der Gruppen) bekommt man verschiedene Cluster. Hier sind beispielhaft die Cluster für *k*=2, *k*=3, *k*=4 eingezeichnet

haben? Nein, sinnvoll scheint das nicht. Welche Aussagen lassen sich hier also wirklich treffen?

Hier stoßen wir auf eine generelle Herausforderung. Wenn man Datenpunkte beziehungsweise Dokumente in Gruppen einteilt (also *clustert*), sollte man immer überprüfen, was die einzelnen Gruppen überhaupt bedeuten und ob die erhaltene Gruppierung sinnvoll ist. Enthalten die Gruppen nur ganz wenige Punkte oder haben in einer Gruppe ganz viele Punkte einen hohen Abstand zum Mittelpunkt (siehe Abb. 11.6)? Dann ist die mit k-Means gefundene Gruppierung eventuell nicht sinnvoll.

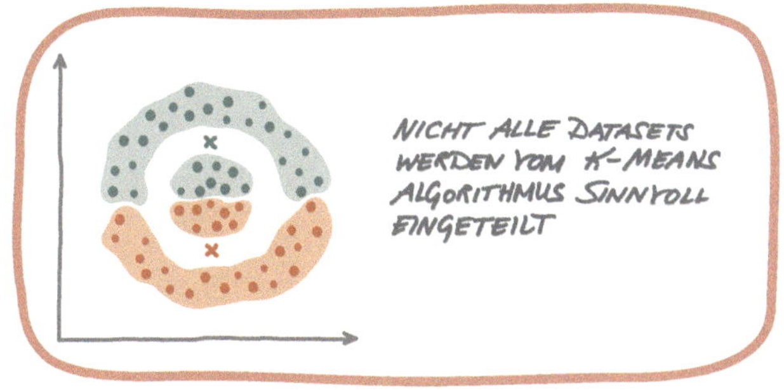

Abb. 11.6   Ein Beispiel für problematische Daten

Man kommt also nicht umhin, sich die Daten genauer anzuschauen. Der Algorithmus an sich nimmt einem diesen Schritt nicht ab. Hierbei ist es auch wichtig, die Merkmale zu betrachten, nach denen das Clustern durchgeführt wird. Lisa wählte beispielsweise das Gewicht des Papiers als Merkmal. Vielleicht hätte sie auch bessere Merkmale zur Differenzierung der Texte nehmen können?

Entsprechend sollte man sich auch immer Gedanken machen, was die Merkmale über die Gruppen aussagen und ob diese sinnvoll gewählt sind. Wenn man beispielsweise Kunden eines großen Einkaufszentrums in Kundengruppen einordnen möchte, um gezielter Werbung zu machen, könnte man messen, wie weit sie vom Einkaufszentrum entfernt leben (was nur wenig aufschlussreich sein könnte) oder alternativ erheben, wie viel sie von bestimmten Produkten bereits gekauft haben (was vielleicht eher eine effektivere Gruppierung ermöglicht).

„Hm, ich kann mich ja gar nicht erinnern, dass ich die sortiert hatte…", runzelt der Professor die Stirn, als er seine Unterlagen auf dem Schreibtisch betrachtet. „Aber nun zu dem, weswegen du eigentlich hier bist…"

12

Fluch der Dimensionalität
Kein echter Fluch – aber auch kein Segen

Jannik Kossen und Fabrizio Kuruc

Im Kap. 8 zur linearen Regression haben wir versucht, aus einer Eigenschaft, der Tatzengröße, Rückschlüsse über eine Zielgröße, das Tiergewicht, zu ziehen. Es wäre auch denkbar gewesen, noch weitere Eigenschaften hinzuzunehmen, wie zum Beispiel die *Tiefe* des Fußabdruckes. Die Vorhersage über das Tiergewicht hätte sich dann aus der gemessenen Tatzengröße *und* der Abdrucktiefe ergeben.

Wir können die Anzahl der gemessenen Eigenschaften auch die *Dimension* der Daten nennen. Je größer diese Anzahl ist, desto mehr Eigenschaften haben wir für jeden

J. Kossen (✉)
Universität Heidelberg, Heidelberg, aus Darmstadt, Deutschland
E-Mail: jannik.kossen@gmail.com

F. Kuruc
Buseck, Deutschland

© Springer Fachmedien Wiesbaden GmbH, ein Teil von Springer Nature 2019
K. Kersting et al. (Hrsg.), *Wie Maschinen lernen,*
https://doi.org/10.1007/978-3-658-26763-6_12

einzelnen Datenpunkt. Für jede Eigenschaft kommt dann eine Achse im Koordinatensystem hinzu. Dies sehen wir auch in Abb. 12.1: Die Ausprägungen einer einzelnen Eigenschaft können wir sehr gut auf einer Achse festhalten. Bei zwei Eigenschaften, also zwei Dimensionen, können wir die Ausprägungen in einem Koordinatensystem mit zwei Achsen darstellen. Nehmen wir nun noch eine dritte Eigenschaft hinzu, so haben unsere Daten nun drei Dimensionen und wir benötigen auch ein dreidimensionales Koordinatensystem zur Darstellung. Mehr als drei Dimensionen sind mathematisch kein Problem, allerdings lassen sich diese nur noch schwer zeichnen.

Für Lisa bedeutet das Sammeln zusätzlicher Informationen erst einmal mehr Arbeit, denn nun muss sie neben der Tatzengröße auch noch die Tiefe des Abdrucks messen. Das könnte sich jedoch lohnen. Grundsätzlich sollte unsere Vorhersage besser werden, je mehr Eigenschaften wir in unserer Regression berücksichtigen können. Reale Datensätze haben oft viele Tausende solcher Eigenschaften. Die vielen Informationen können uns aber auch zum Verhängnis werden. Denn bei einer großen Anzahl an Dimensionen sind diese nicht mehr hilfreich. Ganz im Gegenteil: Wir werden vom sogenannten *Fluch der Dimensionalität (buuuuuhhuhuhu)* heimgesucht. Denn je größer die Anzahl der Dimensionen ist, desto größer wird die Anzahl der möglichen Kombinationen dieser Eigenschaften. Es wird schwieriger, sinnvolle Aussagen über den Zusammenhang der Eigenschaften zur Zielgröße zu treffen.

Um zu illustrieren, woran das liegt und wie bedeutsam der Fluch ist, gehen wir zurück zu Lisa und den Tatzengrößen. Im ursprünglichen Problem sollte aus nur einer einzigen Eigenschaft eine Vorhersage über die Zielgröße angestellt werden, nämlich aus der Tatzengröße über das Gewicht des Tieres. Lisa möchte nun Abdrücke bis zur

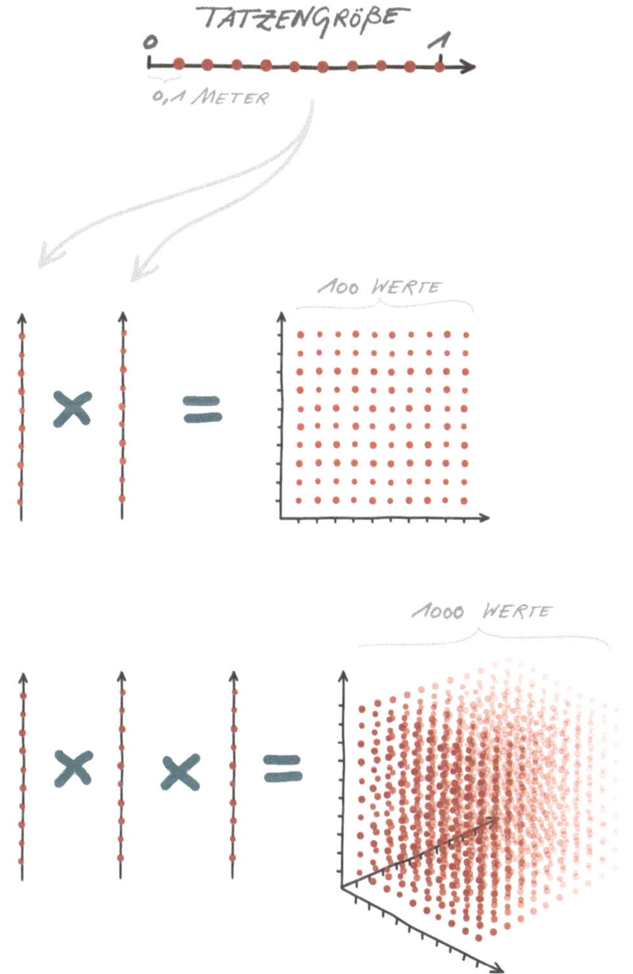

Abb. 12.1 Für nur eine Dimension benötigt Lisa lediglich 10 Messungen, für zwei Dimensionen schon 100 Messungen und für drei Dimensionen sind schließlich 1000 Messungen nötig

Größe von einem Meter vermessen. Damit ihr Modell nachher auch für alle Größen in diesem Bereich gut funktioniert, ist es wichtig, dass sie sowohl kleine als auch große Tatzengrößen sammelt. Die Messpunkte müssen also gut über den Wertebereich der auftretenden Tatzengrößen verteilt sein. Da sie nicht alle Tatzenabdrücke der Welt vermessen kann, gibt sie sich mit 10 Messungen im Abstand von ungefähr 0,1 Metern zufrieden. Dies zeigt der eindimensionale Zahlenstrahl in Abb. 12.1 (oben).

Was passiert nun, wenn wir die Abdrucktiefe als zusätzliche Eigenschaft hinzunehmen?

Lisa benötigt nun ein zweidimensionales Koordinatensystem, in das sie die Kombination aus gemessener Tatzengröße und Abdrucktiefe eintragen kann. Wie viele Werte muss sie nun vermessen? Lisa nimmt an, dass die Abdrucktiefe ebenfalls zwischen 0 und 1 m liegt (etwas unrealistisch, aber mathematisch bequem). Und auch hier gibt sie sich mit Messwerten zufrieden, die in 0,1 m Abständen den Bereich abdecken. 10 Messwerte pro Eigenschaft ergeben bei zwei Eigenschaften dann 20 Messwerte, oder? Ganz und gar nicht! Wie man der Abb. 12.1 (mittig) entnehmen kann, braucht Lisa nun tatsächlich $10*10 = 100$ Messwerte, um für alle möglichen Kombinationen der beiden Eigenschaften ausreichend Messwerte zu sammeln. Mit nur 20 Punkten im zweidimensionalen Koordinatensystem könnte Lisa hingegen nicht genug Kombinationen der Eigenschaften abdecken, um später eine verlässliche Aussage zu treffen.

Um sich dies zu erklären, denkt Lisa ans Würfelspielen. Wirft sie einen Würfel einmal, gibt es nur 6 mögliche Ergebnisse (1, 2, 3, 4, 5, 6). Wirft sie den Würfel hingegen zwei mal, gibt es schon $6*6 = 36$ mögliche Würfe (1–1, 1–2, 1–3, 1–4, 1–5, 1–6, 2–1, 2–2, 2–3, 2–4, 2–5, 2–6, 3–1, 3–2 … usw. bis 6–1, 6–2, 6–3, 6–4, 6–5, 6–6). Bei drei Würfen gibt es folglich $6*6*6 = 216$ mögliche Kombinationen. Hätte Lisa also noch eine dritte Eigenschaft gemessen, wie zum Beispiel das Gewicht der zugehörigen Kothaufen, müsste sie schon unglaubliche $10*10*10 = 1000$

Tiere vermessen, um das dreidimensionale Koordinatensystem ebenso dicht mit Punkten zu füllen (siehe Abb. 12.1 (unten)) wie im eindimensionalen Fall.

Dies ist der Fluch der Dimensionalität. Mit steigender Anzahl an Dimensionen eines Problems steigt die Anzahl der benötigten Messpunkte exponentiell an. Angenommen Lisa reichen im eindimensionalen Fall 10 Messpunkte, benötigt sie in zwei Dimensionen schon 100, in drei Dimensionen gleich 1000, in vier Dimensionen 10.000 und in zehn Dimensionen unvorstellbare 10.000.000.000 Datenpunkte. Mehr als drei Dimensionen kann man sich zwar schwer vorstellen, aber wir meinen mit Dimensionen ja nur die Anzahl der gesammelten Eigenschaften pro Messpunkt (oder Tier). Und bei einem Tier mehr als 3 Eigenschaften zu messen, ist doch durchaus möglich. Angenommen wir könnten durch unser zehndimensionales Koordinatensystem fliegen. Jeder Punkt, an dem wir vorbeiflögen, entspräche einer gemessenen Kombination der Eigenschaften. Lisa könnte sich zwar größte Mühe geben, möglichst viele Tiere zu vermessen, aber die benötigten 10.000.000.000 kann sie unmöglich schaffen. Deswegen wären wir die meiste Zeit einsam und allein beim Durchfliegen des hauptsächlich leeren Koordinatensystems. Nur ganz selten wären wir in der Nähe eines Datenpunktes, also einer Kombination aus Eigenschaften, die Lisa tatsächlich gemessen hat. Aber nur in der Nähe eines Datenpunktes kennen wir das Verhalten unserer Daten und nur hier können wir sichere Vorhersagen unserer Zielgröße treffen.

Je nach verwendeter Methode des maschinellen Lernens könnten aufgrund des Fluchs der Dimensionalität Lisas Vorhersagen sogar schlechter werden, wenn sie mehr Eigenschaften pro Tier misst, ohne auch exponentiell mehr Tiere zu vermessen. Der Fluch der Dimensionen ist eine ernst zu nehmende Hürde für das maschinelle Lernen und die künstliche Intelligenz. Denn oftmals befinden wir uns genau in der eben genannten Situation: Die Daten haben viele tausende Dimensionen und die geringe Anzahl der Datenpunkte erschwert es, die gesuchte Struktur in den Daten – die Ordnung im Chaos – zu finden. Wir Menschen hingegen haben mit dem Fluch der Dimensionalität scheinbar keine Probleme. In jeder Sekunde unseres Lebens, mit jedem Augenblick, jeder Berührung und jedem gehörten Geräusch nehmen wir umfangreiche – also hochdimensionale – Informationen auf, verarbeiten diese und unterscheiden dabei mit Leichtigkeit Wichtiges von Unwichtigem.

Wie man Dimensionen los wird

Eine Möglichkeit den Fluch der Dimensionalität zu umgehen, sind Methoden zur Dimensionsreduktion, welche die Dimensionalität der Daten clever verringern. Nach einer sinnvollen Verringerung der Dimensionalität eines Problems, wäre man vor dem Fluch sicher und könnte wieder die altbewährten Methoden anwenden. Diese sinnvolle Verringerung zu finden, ist leider oft nicht so leicht und manchmal fast unmöglich. Ein einfaches Beispiel für eine Methode zur Dimensionsreduktion ist die Hauptkomponentenanalyse aus Kap. 17.

13

Support Vector Machine
Immer schön Abstand halten

Jana Aberham und Fabrizio Kuruc

Erinnern Sie sich noch an Lisas Problem mit dem Sortieren der Möbel? Sie suchte eine Möglichkeit Stühle und Tische automatisch klassifizieren zu lassen.

Wir haben in Kap. 3 schon erkannt, dass Algorithmen genauso wie wir Menschen aus Erfahrungen lernen können. Aus Kap. 6 wissen wir noch, dass solchen Lernalgorithmen des überwachten Lernens Datenpunkte und die jeweils zugehörige Klasse zur Verfügung gestellt werden müssen. Diese Trainingsdaten hatte Lisa schon mit sehr viel Mühe durch das Etikettieren produziert. In unserem Fall besteht ein Datenpunkt aus *Auflagefläche*

J. Aberham (✉)
Karlsruhe, Deutschland
E-Mail: jana.aberham@gmail.com

F. Kuruc
Buseck, Deutschland

© Springer Fachmedien Wiesbaden GmbH, ein Teil von Springer Nature 2019

K. Kersting et al. (Hrsg.), *Wie Maschinen lernen,*
https://doi.org/10.1007/978-3-658-26763-6_13

und *Beinlänge* und wird entweder in die Klassen *Tisch* oder *Stuhl* eingeordnet. Der Dienst „Can-AI-Help?" hatte ihr daraufhin empfohlen, jedes Möbelstück mit der zugehörigen Auflagefläche und Beinlänge in ein Diagramm einzutragen. Um die beiden Datenwolken geeignet zu trennen, muss Lisa jetzt einen passenden Klassifikator auswählen. Sie entscheidet sich für die *Support Vector Machine* (kurz: *SVM*). Dabei handelt es sich um keine Maschine im physischen Sinne, sondern um einen Algorithmus, der mithilfe von sogenannten *Stützvektoren* (engl. *support vectors*) eine Trennlinie findet.

Am nächsten Morgen macht sich Lisa an die Arbeit. Bei einer Tasse Tee überlegt sie sich, welche Probleme noch auftreten könnten. Sie möchte sicherstellen, dass die SVM möglichst gut *generalisiert:* also nicht nur einen bestimmten Stuhl oder Tisch zuordnen kann, sondern viele verschiedene Modelle. Würde ihr Trainingsdatensatz beispielsweise nur ein spezielles Stuhldesign beinhalten, so würde die SVM dieses eine Exemplar ganz sicher richtig zu der Gruppe der Stühle zuordnen, die anderen Stühle würden aber möglicherweise falsch klassifiziert werden. Deshalb sollten ihre Trainingsdaten völlig verschiedenartige Stühle und Tische enthalten. Zum Glück ist dies bei ihren Trainingsdaten bereits gegeben und das Training kann beginnen. Anschaulich kann man sich das so vorstellen: Lisa führt der SVM jedes Möbelstück vor und verrät zudem, zu welcher Klasse es gehört. So ähnlich als würde man einem Kind erklären, wie all diese Gegenstände heißen.

Nach der Trainingseinheit möchte Lisa prüfen, ob die SVM auch alles richtig verstanden hat. Dazu hat sie ein paar Beispiele vorerst zurückgehalten, um wie in einer Prüfung zu schauen, ob der Algorithmus diese Beispiele richtig zuordnen kann – unsere Testdaten also. Gespannt wartet sie auf das Ergebnis der harten Arbeit. Und tatsächlich – die SVM hat es geschafft, die Objekte zu unterscheiden und kann nun selbst vorhersagen, zu welcher Gruppe die Beispiele gehören und das Sortieren für Lisa übernehmen.

Doch wie hat die SVM das gemacht? Zuerst wurden alle Trainingsbeispiele in ein Diagramm (siehe Abb. 13.1) eingezeichnet und anschließend eine Trennlinie (siehe Abb. 13.2) bestimmt. Nach Abschluss des Trainings muss ein neues Beispiel nur noch ins Diagramm eingezeichnet und geprüft werden, auf welcher Seite der Trennlinie das Beispiel gelandet ist.

Wie kommt aber diese Trennlinie zustande? Und warum liegt sie an genau dieser Position im Diagramm? In Abb. 13.3 sehen wir zwei mögliche Geraden, die beide Klassen fehlerfrei voneinander trennen. Welche Linie ist wohl die bessere? Unser Gefühl sagt uns, dass Linie (A)

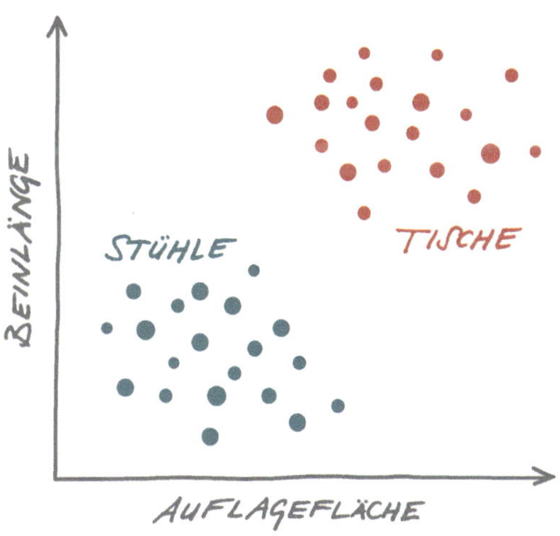

Abb. 13.1 Stühle und Tische in Abhängigkeit ihrer Auflagefläche und Beinlänge

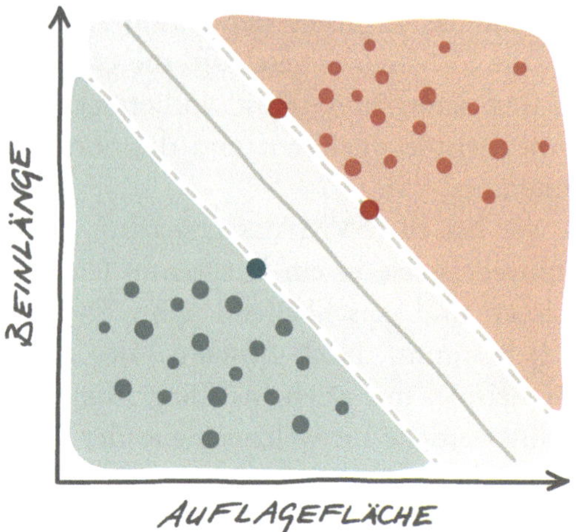

Abb. 13.2 Trennung der Datenwolken durch eine Trennlinie. Der graue Bereich zeigt den Abstand der Trennlinie zu den Punktewolken

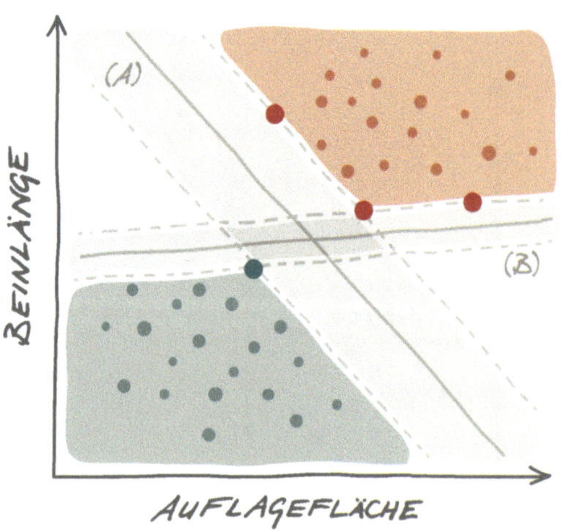

Abb. 13.3 Welche Linie ist wohl die bessere?

zu wählen ist. Am liebsten wollen wir den Abstand zwischen den Punkten und der Trennlinie maximieren und bevorzugen deshalb (A) statt (B). Je größer der Abstand der Punktewolken von der Trennlinie ist, desto *sicherer* ist diese. Unsere Trennlinie soll die Klassen trennen und dabei am besten genau in der Mitte zwischen diesen liegen. In manch einfachen Fällen sind wir in der Lage, intuitiv eine sehr gute Wahl zu treffen.

Nun betrachten wir aber Abb. 13.4. Hier wurden zwei neue Punkte (1) und (2) eingefügt. Bei welchem Punkt können wir uns eher sicher sein, dass er zur Gruppe gehört?

Je weiter der Punkt von der Trennlinie entfernt liegt, desto sicherer sind wir uns. Punkt (2) gehört ziemlich sicher zur Klasse der *Stühle,* aber was ist mit Punkt (1)? Gehört dieser Datenpunkt zur Klasse der *Stühle* oder der *Tische?* Wenn wir die Trennlinie nur ein wenig ändern,

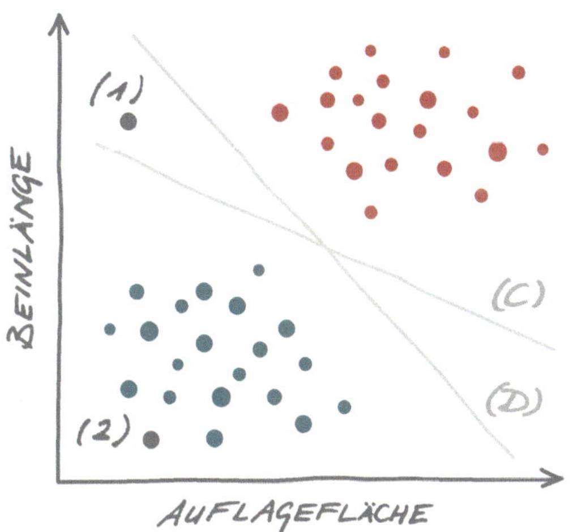

Abb. 13.4 Zu welcher Gruppe gehört Punkt (1)?

kann es passieren, dass Punkt (1) plötzlich in die andere Gruppe fällt. Deshalb ist die optimale Trennlinie für das menschliche Auge manchmal nicht sofort ersichtlich. In solchen Fällen ist uns die SVM eine große Hilfe. Der Algorithmus bestimmt eine Geradengleichung, für die der Abstand zwischen den beiden Punktwolken maximiert wird. So wie wir das intuitiv in Abb. 13.3 gesehen haben: Wir wählen die Linie, die den größten Abstand von den gestrichelten Linien hat.

Die drei Punkte, die in Abb. 13.2 genau auf den gestrichelten Linien liegen, sind die *Stützvektoren.* Sie heißen so, weil die Trennlinie genau durch diese Vektoren definiert wird. Vektoren sind in diesem Zusammenhang einfach die Datenpunkte in unserem Schaubild. Bei zwei verschiedenen Klassen benötigen wir zwei Datenpunkte aus einer Klasse (bei uns die zwei roten Stützvektoren), weil zwei Punkte bereits eindeutig die gestrichelte Gerade festlegen, und einen weiteren Punkt aus der anderen Klasse (bei uns der grüne Punkt), der den Abstand der zweiten gestrichelten Geraden bestimmt. Hier reicht ein Punkt aus, weil die zweite gestrichelte Gerade parallel zur ersten sein muss. Ob die SVM nun zwei rote oder zwei grüne Punkte auswählt, hängt nur davon ab, welche Kombination zur besten Trennlinie führt, d. h. es hätte auch passieren können, dass zwei grüne und ein roter Stützvektor zum besseren Ergebnis geführt hätten. Hinter den gestrichelten Linien bzw. hinter den Stützvektoren können wir Punkte entfernen, ohne dass sich etwas an unserer Lösung ändert. Wenn wir allerdings einen dieser Stützvektoren entfernen, ist das so, als ob wir eine Stütze von einem Gebäude abreißen – die Lösung verändert sich, da wir nun eine andere Stütze benötigen. Das Ergebnis sieht unter Umständen ganz anders aus.

Als Lisa die Einteilung der Stühle und Tische in ihre jeweiligen Klassen durch die SVM kontrolliert, ist sie verblüfft. Es scheint, als wäre jedes Objekt richtig zugeordnet. Trotzdem prüft sie dies noch einmal sorgfältig und entdeckt, dass einige Stühle als Tische klassifiziert wurden und umgekehrt. Beispielsweise wurden einige kleine Beistelltischchen den Stühlen zugeordnet. Das Problem hat sie schnell identifiziert. Beinlänge und Auflagefläche dieser Tische ähneln eher den Maßen eines Stuhls, als denen eines Tisches. Dem Algorithmus kann hier wohl kein Vorwurf gemacht werden, diese Tischchen könnten ja sogar als Stühle verwendet werden. Wir lernen also daraus, dass Lernalgorithmen keine hundertprozentige Genauigkeit besitzen müssen.

Wir können nur sagen, dass unser Algorithmus in den meisten Fällen richtig liegt. Manchmal kann man die Ergebnisse verbessern, wenn man noch zusätzliche Merkmale hinzufügt. Das Beistelltischchen hat beispielsweise eine Schublade, was für Stühle eher untypisch wäre.

In Lisas Beispiel war es glücklicherweise möglich, die beiden Klassen durch eine Gerade voneinander zu trennen. Das kann oft sehr gut klappen und wie schon Albert Einstein sagte: „Mache die Dinge so einfach wie möglich." Wie man sich vermutlich vorstellen kann, ist es nicht immer möglich, zwei Gruppen mithilfe einer Geraden zu trennen. Was ist beispielsweise, wenn die zwei Gruppen so wie in Abb. 13.5 aussehen? Hier wäre eine gerade Trennlinie wirklich keine gute Wahl, sondern eher eine gekrümmte Kurve. Auch in solchen Fällen können wir eine SVM verwenden. Es gibt nämlich einen kleinen Trick, wodurch die Trennlinie einer SVM verschiedene Formen annehmen kann, also viel mehr als nur die einer Geraden! Details zu diesem sogenannten Kernel-Trick stehen in der Infobox.

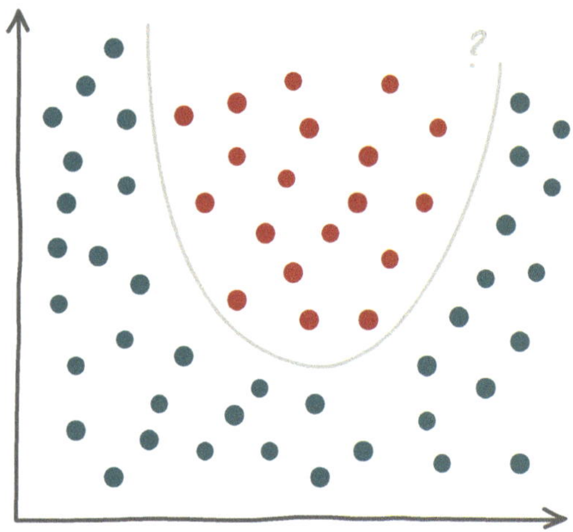

Abb. 13.5 Wenn gerade Trennlinien nicht mehr funktionieren

Eine SVM kann verwendet werden, wenn wir über einen gelabelten Datensatz verfügen, d. h. wenn die Klassenzugehörigkeit jedes Trainingsdatenpunktes bekannt ist. Der Algorithmus erstellt daraufhin ein Modell, welches zukünftige, unbekannte Daten in die richtigen Klassen einsortiert. Für eine derartige Aufgabe könnten wir auch ein neuronales Netz verwenden, welches wir in Kap. 20 kennenlernen werden. Die Entscheidung, welches Lernverfahren gewählt werden sollte, hängt von verschiedenen Faktoren ab, wie zum Beispiel von der Rechenzeit und der Menge der Daten.

> **Übersicht**
>
> Beim Kernel-Trick versuchen wir unser nichtlineares (also nicht, wie im Kapitel eigentlich angenommen, durch eine Gerade lösbares) Problem in einem anderen Koordinatensystem zu lösen, in welchem die Datenpunkte mit etwas Geschick wieder durch eine Gerade getrennt werden können.

Dazu müssen wir die Achsen des Koordinatensystems geeignet verdrehen und verbiegen. Das auf diese Weise neu entstandene Koordinatensystem wird auch *Merkmalsraum* genannt. Wir übertragen die Datenpunkte also in diesen besonderen Merkmalsraum, wo sie mithilfe der SVM (Support Vector Machine) nun durch eine Gerade getrennt werden können. Anschließend wird alles wieder zurück übertragen und wir erhalten in unserem ursprünglichen (natürlichen) Koordinatensystem beispielsweise eine gekrümmte Kurve wie in Abb. 13.5.

14

Logistische Regression
Schubladendenken mit Wahrscheinlichkeiten

Theresa Schüler

Da Lisa ihre Abenteuer bei der Tatzenvermessung so gut gefallen haben, hat sie sich in diesem Sommer dazu entschlossen, ein Praktikum im Zoo zu absolvieren. Besonders gerne hilft sie bei der Affenfütterung mit. Dabei ist ihr aufgefallen, dass die Stimmung der Affen stark davon abhängt, wie viele Bananen bei der Fütterung verteilt werden. Prinzipiell sind die Affen glücklich, wenn sie viele Bananen bekommen, und werden aggressiv, wenn es nur wenige Bananen für sie gibt. In diesem Fall trommelt der Chef der Affenbande nach der Fütterung oft wütend gegen die Scheibe des Geheges. Besteht die Mahlzeit hingegen aus vielen Bananen, schläft er danach meist friedlich in der Ecke.

T. Schüler (✉)
Ruhr-Universität Bochum, Bochum, Deutschland
E-Mail: theresa.schueler@gmx.de

© Springer Fachmedien Wiesbaden GmbH, ein Teil von Springer Nature 2019
K. Kersting et al. (Hrsg.), *Wie Maschinen lernen,*
https://doi.org/10.1007/978-3-658-26763-6_14

Lisas Mitbewohner Max möchte gerne mit seiner Nichte Ronja bei der Affenfütterung im Zoo zusehen. Ronja ist jedoch noch sehr klein und Max möchte nicht, dass sie sich fürchtet, wenn der Affenchef gegen die Scheibe donnert. Zum Glück weiß Lisa immer schon einige Tage im Voraus, wie viel Kilo Bananen bei den verschiedenen Fütterungen verteilt werden. Kann sie mit diesem Wissen vielleicht das Verhalten des Affenchefs vorhersagen, um Max einen guten Tag für seinen Besuch mit Ronja zu empfehlen?

Zunächst einmal stellt Lisa fest, dass es sich bei ihrer Fragestellung um ein Klassifikationsproblem handelt, bei dem es nur zwei mögliche Ausgänge gibt: Entweder trommelt der Affenchef nach der Fütterung gegen die Scheibe (Klasse 1), oder er schläft friedlich in der Ecke (Klasse 2). Beide Fälle lassen sich relativ gut durch die Kilozahl verfütterter Bananen vorhersagen: Bei einer großen Menge Bananen trommelt der Affenchef weniger häufig gegen die Scheibe als bei einer geringen Menge.

Lisa hat den Affenchef über die letzten Wochen hinweg beobachtet und die Grafik in Abb. 14.1 erstellt. Diese Grafik schauen wir uns nun genauer an, ignorieren jedoch vorerst die senkrechte Achse am linken Rand.

Grüne Datenpunkte in der Grafik bedeuten, dass der Affenchef nach der Fütterung friedlich in der Ecke schlief, während rote Datenpunkte kennzeichnen, dass er wütend gegen die Scheibe trommelte. Weiterhin hat Lisa einige der Beobachtungen mit Zahlen versehen.

Bei dem mit einer 1 markierten Punkt bekamen die Affen nur 2 Kilo Bananen zu essen. Daraufhin trommelte der Affenchef nach der Mahlzeit gegen die Scheibe. Bei Datenpunkt 2 hingegen gab es 10 Kilo Bananen für die Affen zu essen, und der Affenchef schlief nach der

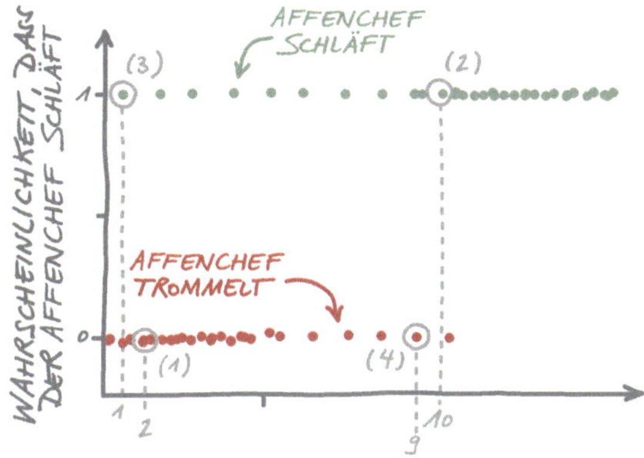

Abb. 14.1 Lisas Beobachtungen zum Verhalten des Affenchefs. Grüne Datenpunkte: Affenchef schläft; rote Datenpunkte: Affenchef trommelt

Fütterung friedlich in der Ecke. Dies entspricht Lisas Vermutung, dass viele Bananen bei der Fütterung den Affenchef zufriedenstellen. Generell bestätigen die meisten ihrer erhobenen Daten diese Vermutung.

Lisa hat jedoch auch überraschende Beobachtungen gemacht: Bei dem mit einer 3 gekennzeichneten Datenpunkt bekamen die Affen nur 1 Kilo Bananen, und trotzdem lag der Affenchef nach der Fütterung schlafend in der Ecke (vielleicht, weil er schon vorher sehr müde war). Bei Datenpunkt 4 gab es zwar 9 Kilo Bananen, aber der Chef der Affenbande trommelte trotzdem gegen die Scheibe. Wer weiß, vielleicht wollte er eine der Affendamen beeindrucken?

Wie wir sehen, kann Lisa mithilfe ihrer Grafik nicht eindeutig vorhersagen, wie hoch die Bananenmenge bei der Fütterung sein muss, um den Affenchef zu besänftigen. Aber sie kann sich zum Ziel setzen, Max und Ronja nur dann in den Zoo einzuladen, wenn es sehr *unwahrscheinlich* ist, dass der Affenchef gegen die Scheibe trommelt. Dazu benutzt Lisa die Methode der *logistischen Regression.* Die logistische Regression ist, anders als der Begriff „Regression" suggeriert, ein *Klassifikationsverfahren* für zwei Gruppen.

Im Gegensatz zu den bisher besprochenen Klassifikationsverfahren, die nur die jeweiligen Klassen für die Datenpunkte bestimmen können (zum Beispiel in Form einer Trennlinie), liefert die logistische Regression nun zusätzlich die *Wahrscheinlichkeiten* für die Klassenzugehörigkeiten. Somit lässt sich mit der logistischen Regression nicht nur entscheiden, welcher Klasse ein Datenpunkt zugeordnet werden sollte – man erfährt auch, wie viel wahrscheinlicher die eine Klasse im Vergleich zu der anderen ist.

Um das Vorgehen bei der logistischen Regression zu verstehen, ist es wichtig zu wissen, dass eine Wahrscheinlichkeit jeden möglichen Wert zwischen 0 und 1 annehmen kann und somit eine stetige Größe ist (siehe Kap. 4). Auch die Kilozahl Bananen in unserem Beispiel ist eine stetige Größe. Wenn man aber mithilfe einer stetigen Größe eine andere stetige Größe vorhersagt, so ist dies eigentlich ein Regressionsproblem (siehe Kap. 5). Dies ist der Grund für den zunächst etwas unintuitiven Namen der logistischen Regression, die ja eigentlich eine Klassifikation ist.

Wie genau sieht die Regression, mit der Lisa eine Vorhersage über das Verhalten des Affenchefs nach der Fütterung treffen möchte, nun aber aus?

Schauen wir uns noch einmal Abb. 14.1 an und achten jetzt zusätzlich auf die Achse am linken Rand. Diese nennen wir die *Wahrscheinlichkeitsachse.* Lisa möchte eine Kurve durch die Datenpunkte legen, um damit anschließend für jedes Bananengewicht auf der Wahrscheinlichkeitsachse abzulesen, mit welcher Wahrscheinlichkeit der Affenchef nach der Fütterung in der Ecke schläft. Eine Gerade durch die Punkte zu legen, so wie wir es im Kapitel zur linearen Regression gesehen haben, ist hier jedoch nicht sinnvoll, da Geraden immer auch Werte annehmen, die größer als 1 oder kleiner als 0 sind. Wahrscheinlichkeiten müssen jedoch immer *zwischen* 0 und 1 liegen. Daher hat sich Lisa eine andere Methode überlegt (siehe Abb. 14.2). Hier hat sie eine s-förmige Kurve in die Grafik eingezeichnet. Diese s-Kurve hat aufgrund ihrer Form den Vorteil, dass sie nur Werte zwischen 0 und 1 annehmen kann. Die genaue Form der Kurve lässt sich mathematisch begründen und man kann auch eine genaue Formel dafür angeben. Für jedes mögliche Bananengewicht kann Lisa nun anhand der s-förmigen Kurve auf der Wahrscheinlichkeitsachse ablesen, wie hoch die Wahrscheinlichkeit ist, dass der Affenchef nach der Mahlzeit friedlich in der Ecke schläft.

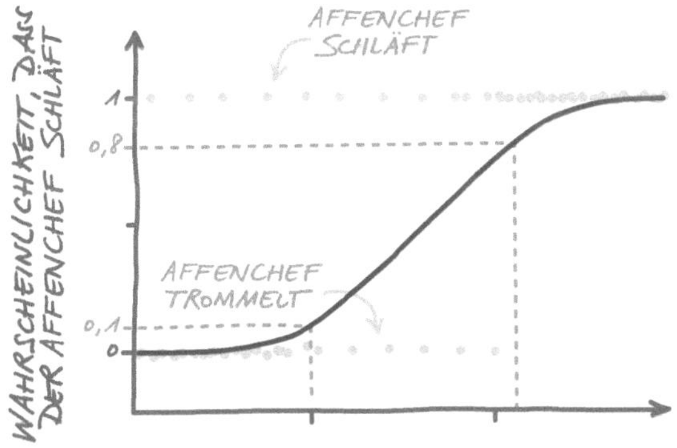

Abb. 14.2 Lisa nutzt eine s-förmige Kurve, um die Wahrscheinlichkeit für einen schlafenden Affenchef in Abhängigkeit von der Bananenmenge zu modellieren

Lisa überlegt, ob ein Zoobesuch für Max und Ronja am nächsten Sonntag eine gute Option wäre. Sie weiß, dass die Affenbande an diesem Tag ganze 11 Kilo Bananen bei der Fütterung verspeisen darf. Schnell liest Lisa in ihrer Grafik ab, dass die Wahrscheinlichkeit, dass der Affenchef nach der Mahlzeit friedlich in der Ecke schlafen wird, in diesem Fall 0,8, also 80 % beträgt. Lisa kann Max und Ronja für nächsten Sonntag also guten Gewissens in den Zoo einladen.

Heute hingegen bekommen die Affen nur 5 Kilo Bananen. Laut Lisas Grafik liegt die Wahrscheinlichkeit dafür, dass der Affenchef sich nach der Fütterung friedlich verhalten und nicht gegen die Scheibe trommeln wird, nur bei 0,1, also bei 10 %. Daher hat Lisa ihrem Mitbewohner von einem heutigen Besuch mit Ronja abgeraten. Ihr kleiner Bruder Lars jedoch möchte den Affenchef unbedingt einmal trommeln sehen. Deshalb stattet Lars seiner Schwester heute einen Besuch im Zoo ab!

15

Entscheidungsbäume
Der Eisberg schwimmt nicht weit vorm Schiff

Jannik Kossen, Maike Elisa Müller
und Max Ruckriegel

Die Semesterferien stehen an und Lisa möchte in den Urlaub fahren. Am liebsten wäre es ihr, mit ein paar Freunden ans Meer zu fahren und dort zu zelten und zu surfen. Andererseits wünscht sich Oma Charlotte schon seit langem, eine Kreuzfahrt mit ihrer gesamten Familie zu machen. Es sollen sowohl Oma und Opa, Lisas Familie als auch Lisas wohlhabende Tante Elena mit ihrer

J. Kossen (✉)
Universität Heidelberg, Heidelberg, aus Darmstadt, Deutschland
E-Mail: jannik.kossen@gmail.com

M. E. Müller
TU Berlin, Berlin, Deutschland

M. Ruckriegel
ETH Zürich, Zürich, Deutschland

© Springer Fachmedien Wiesbaden GmbH, ein Teil von Springer Nature 2019
K. Kersting et al. (Hrsg.), *Wie Maschinen lernen,*
https://doi.org/10.1007/978-3-658-26763-6_15

Familie dabei sein. Lisa ist nicht gerade begeistert von der Aussicht auf langweiligen Pauschalurlaub mit der Familie und überlegt sich, wie sie ihre Familie noch von diesem Plan abbringen und von einem spannenderen Urlaub überzeugen kann. Da fällt ihr ein, dass ihr Vater zum Glück ein ganz schön großer Angsthase ist. Wenn sie ihm nur irgendwie vermitteln könnte, wie gefährlich so eine Kreuzfahrt ist und wie klein seine Überlebenschancen im Falle eines Unglücks wären.

Um ihrem Vater Angst zu machen, braucht Lisa handfeste Beweise. Sofort denkt sie an das wohl bekannteste Schiffsunglück der Geschichte: den Untergang der Titanic. Zu einem so bekannten Vorfall wie dem Untergang der Titanic haben schon viele Menschen Nachforschungen angestellt und Daten über die Passagiere der Titanic aus Ticketverkäufen, Zeitungsartikeln und Interviews zusammengestellt. Mittlerweile gibt es vollständige Steckbriefe aller Passagiere des Schiffes.[1] Diese beinhalten ihr Geschlecht und Alter, ob sie alleine reisten oder in Begleitung ihrer Familie. Galt ihr Ticket für die erste, zweite oder dritte Klasse? Und vor allem auch: Gehörten sie zu den Glücklichen, die den Untergang der Titanic überlebten oder nicht?

Anhand dieser Aufzeichnungen kann nun auch Lisa die Überlebenschancen der Passagiere auf der Titanic in Abhängigkeit ihres Steckbriefs beurteilen. Lisa geht davon aus, dass die Überlebenschancen im Falle eines Unglücks bei der geplanten Familienkreuzfahrt bestimmt ähnlich wie auf der Titanic ausfallen. Vielleicht kann sie ja verstehen, welche Faktoren zum Überleben beitragen. Sie hofft, etwas herauszufinden, mit dem sie ihrer Familie kräftig Angst einjagen kann, sodass diese ganz offen für Lisas alternative Urlaubsplanung wird. Sollte sie zum

---

[1]https://www.encyclopedia-titanica.org, aufgerufen am 10.03.2019.

Beispiel ihrer komfortliebenden Tante Elena klar machen müssen, dass die 1. Klasse auch Risiken birgt? Oder sollte sie ihren eigentlich sehr knauserigen Vater davon überzeugen, dass die 3. Klasse viel zu unsicher ist und sie sich sowieso 1. Klasse Tickets kaufen müssten? Oder bringt das alles nichts und die Überlebenschancen hängen nur von Geschlecht und Alter ab? Und wenn dem so ist, muss sich Lisas Vater dann besonders große Sorgen machen?

Aus vorherigen Abenteuern weiß Lisa schon, dass sie im Jargon des maschinellen Lernens ein Klassifikationsproblem lösen möchte. Mithilfe der vorliegenden Passagierdaten (Name, Alter, Geschlecht, Klasse, Anzahl Familienmitglieder, Kabinennummer) möchte sie vorhersagen, ob dieser Passagier auf der Titanic überlebt hat oder nicht. Wenn sie für dieses Problem bei den historischen Daten eine Lösung gefunden hat, möchte sie die Daten ihrer Familie in den Algorithmus geben und der Familie dann in gruseliger Stimmung ihre (hoffentlich geringen) Überlebenschancen bei einem Schiffsunglück als knallharte Fakten präsentieren.

Um das Klassifikationsproblem zu lösen, benutzt Lisa sogenannte *Entscheidungsbäume*. Trotz ihres simplen Konzepts führen sie häufig zum Erfolg. Besonders beliebt sind sie, da die Entscheidungen des Baumes immer Schritt für Schritt für den Menschen nachvollziehbar bleiben und keine Blackboxes oder Bücher mit sieben Siegeln sind.

Im Entscheidungsbaum erfolgt die Klassifikation (Einteilung in überlebt oder nicht überlebt) eines Datenpunktes (Passagiers), indem eine Reihe von Fragen zu den Eigenschaften (des Passagiers) beantwortet werden. Dabei darf der Begriff „Baum" eigentlich recht wörtlich genommen werden. Abb. 15.1 zeigt den Entscheidungsbaum. Der Name Baum kommt daher, dass sich in jedem Schritt des Algorithmus die möglichen Abläufe aufgabeln – genau so wie die Äste eines Baumes. Der Algorithmus

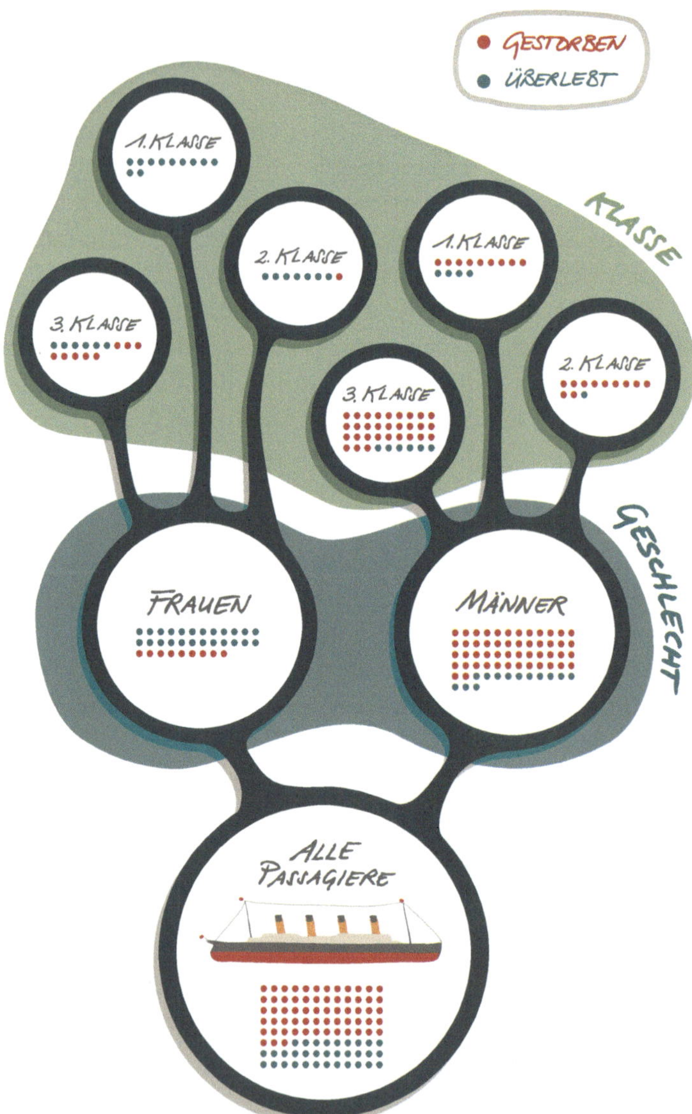

Abb. 15.1 Der Entscheidungsbaum ermöglicht eine gute Beschreibung der Daten. Ausgehend von der Wurzel (unten) können die überlebenden (grün) von den untergegangenen (rot) Passagieren getrennt werden, indem zuerst nach dem Geschlecht und dann der Klasse der Fahrscheine der Passagiere gefragt wird

beginnt unten an der Wurzel. An jeder Astgabelung stellen wir den Passagieren der Titanic eine Frage und teilen diese nach ihren Antworten in den entsprechenden Ast des Baumes ein. Waren die Personen jünger als 25? Reisten sie in der ersten, zweiten oder dritten Klasse? Keine der einzelnen Fragen hilft uns, die Antwort auf unser Problem direkt zu finden. Doch jede Frage bringt uns einen Schritt weiter. Und nach jeder Astgabelung folgt sogleich die nächste Frage. Wenn die letzte Gabelung erreicht ist und die letzte Frage gestellt wurde, ist eines der sogenannten Blätter des Baumes erreicht. Ziel ist es, die Fragen so zu stellen, dass in den Blättern möglichst nur noch Passagiere einer Kategorie[2] sind. Die Fragen erlauben es also, eine Klassifikation vorzunehmen. Einige Blätter enthalten hauptsächlich überlebende, andere hauptsächlich verunglückte Passagiere. Je höher der Anteil der überlebenden Personen in einem Blatt ist, desto höher ist die Wahrscheinlichkeit mit genau dieser Kombination aus Eigenschaften zu überleben.

Im Vergleich zu anderen Vorgehensweisen zur Klassifizierung ist ein Entscheidungsbaum verlockend einfach. Beim Durchqueren des Baumes von der Wurzel bis zum Blatt müssen wir lediglich eine Frage nach der anderen beantworten, was am Ende zur Einteilung in eine Kategorie führt. Zur Erinnerung: Die Kategorien beim Untergang der Titanic sind die der glücklichen Überlebenden und die der tragisch Ertrunkenen.

Der Erfolg eines Entscheidungsbaums steht und fällt jedoch damit, welche und wie viele Fragen gestellt werden. Darüber hinaus macht es einen großen Unterschied, an welcher Astgabelung welche Frage gestellt wird: Gleich zu Beginn oder erst kurz vor dem Ende? Herauszufinden,

---

[2]Um eine Verwechslung mit der Klasse des Fahrscheins eines Passagiers auszuschließen, schreiben wir im Folgenden statt der Klasse (überlebt oder ertrunken) von einer Kategorie.

welche Fragen wann gestellt werden müssen, ist daher die eigentliche Herausforderung. Dies ist die Trainingsphase des Entscheidungsbaumes. Damit der Baum „wachsen" kann, benötigen wir sowohl die Daten der Passagiere als auch ihren Überlebensstatus. Es handelt sich hier also um überwachtes Lernen. Lisa möchte ihren Baum mit den gesamten Daten des Titanicunglücks trainieren und dann den fertig gewachsenen Baum auf die Daten ihrer Familie anwenden.

Die Abfolge der Fragen in einem Entscheidungsbaum wird mit einem einfachen Prinzip bestimmt: Die zugehörigen Antworten sollen so viel Information wie möglich in Bezug auf die zwei Kategorien preisgeben. An der allerersten Gabelung des Baumes – direkt hinter der Wurzel – wählen wir also genau die Frage, welche allein uns schon am meisten über die Überlebenschancen des Passagiers verrät und uns so die beste Vorhersage (mit nur einer Frage) ermöglicht. Im Falle der Titanic wäre die beste Frage, die wir gleich zu Beginn des Baumes stellen sollten, die nach dem Geschlecht. Das Geschlecht des Passagiers hat also den höchsten Einfluss auf seine Überlebenschancen. Frauen hatten durchschnittlich eine deutlich bessere Überlebenschance als männliche Passagiere.

Die ersten zwei Äste des Baumes sind nun entstanden. Möchten wir den Baum nach seiner ersten Gabelung weiter wachsen lassen, schauen wir uns die beiden Äste getrennt an. Auf dem einen Ast befinden sich nur noch die männlichen, auf dem anderen nur noch die weiblichen Passagiere. Um auf dem Ast der Frauen das nächste Merkmal zu finden, stellen wir uns die Frage: Angenommen wir berücksichtigen nur noch die weiblichen Passagiere, was ist nun die nächstbeste Frage, um unsere Vorhersagen der Überlebenschance so gut wie möglich zu verbessern? So erweitern wir unseren Baum um immer neue Äste, bis sich schließlich an einem Ast nur noch Überlebende oder Nicht-Überlebende des Unglücks befinden. Meistens sind die Fragen in den verschiedenen Ästen des Baums unterschiedlich. Dass hier nach der ersten Frage in beiden Ästen nach der Klasse der Fahrscheine der Passagiere gefragt wird, ist reiner Zufall und den Daten geschuldet. Nach den Fragen zu Geschlecht und Fahrscheinklasse hören wir auf und sehen: Fast alle Frauen, die auf der Titanic in der ersten Klasse reisten, überlebten das Unglück. Für Reisende mit diesen beiden Merkmalen können wir also sehr hohe Überlebenschancen attestieren. Auch in der zweiten Klasse überlebten immerhin über 80 %, während es in der 3. Klasse dann weniger als die Hälfte waren. Bei den Männern sah das Ganze wesentlich schlechter aus. Deutlich mehr als die Hälfte der Männer starb – in der ersten Klasse rund 68 %, in der dritten rund 84 % und in der zweiten sogar über 90 %!

Tante Elena in der ersten Klasse würde also sicherlich überleben und für die weiblichen Familienmitglieder würde sich ein Kauf von Tickets in der ersten oder zweiten Klasse lohnen. Auf Lisas Papa hingegen wird ihre Datenerhebung den richtigen Effekt haben. Um seine Überlebenschancen hätte es auf der Titanic, vollkommen unabhängig von seinem Ticketpreis, überhaupt nicht gut gestanden. Das dürfte auf einer potenziellen Familienkreuzfahrt ähnlich sein, oder?

Was dagegen besonders gut steht, sind Lisas Chancen, doch lieber einen abenteuerlichen Surf- und Tauchurlaub am Strand statt einer langweiligen Kreuzfahrt mit der Familie zu genießen. Gewappnet mit ihrem aufgemalten Entscheidungsbaum schwingt sie sich schließlich aufs Fahrrad, um ihrer Familie ihre neuesten Erkenntnissen zu präsentieren.

Datenschummelei

Ein kurzes Nachwort: Lisa weiß, dass sie hier ein wenig geschummelt hat. Der Untergang der Titanic ist über 100 Jahre her. Dass die Statistiken des damaligen Untergangs auch etwas über den Verlauf heutiger Unglücke aussagen, ist zweifelhaft. Moderne Kreuzfahrtschiffe sind deutlich sicherer. Sollte ein Unglück passieren, ist die Anzahl der Todesfälle hoffentlich geringer. Und ob Frauen oder Passagiere erster Klasse auch heute noch größere Überlebenschancen haben, ist unklar. Grundsätzlich muss man sich im maschinellen Lernen immer genau überlegen, woher die Daten kommen und ob diese für das Problem, welches man lösen möchte, anwendbar sind. Als Beispiel: Es reicht nicht ein selbstfahrendes Auto in einer Computersimulation zu trainieren, denn auf echten Straßen passieren Situationen, die das Auto nie gesehen hat und auf welche es dann eventuell nicht angemessen reagieren kann. Manchmal versprechen Algorithmen, die in Simulationen trainiert worden sind mehr, als sie in der Realität halten können. Lisa ist das in diesem Fall egal. Sie versucht gar nicht erst, dieses Problem anzusprechen, sondern täuscht ihren Vater bewusst!

16

Verzerrung-Varianz-Dilemma
Voll daneben!

Jannik Kossen und Maike Elisa Müller

Jeden Donnerstagabend findet in Lisas Lieblingsbar ein Dart-Turnier statt, an welchem sie bereits seit Jahren teilnimmt. Als talentierte Dartspielerin ist Lisa ziemlich treffsicher und die meisten ihrer Pfeile landen genau in der Mitte der Zielscheibe.

Einige von Lisas Freunden sind ab und an auch dabei und lassen sich von ihr zu dem Turnier überreden. Lisas guter Freund Justin ist ziemlich groß und – vielleicht deswegen – landen die meisten seiner Pfeile etwas zu weit oben. Dies tun sie aber konsistent, denn alle seine Pfeile

J. Kossen (✉)
Universität Heidelberg, Heidelberg, aus Darmstadt,
Deutschland
E-Mail: jannik.kossen@gmail.com

M. E. Müller
TU Berlin, Berlin, Deutschland

© Springer Fachmedien Wiesbaden GmbH, ein Teil von Springer Nature 2019
K. Kersting et al. (Hrsg.), *Wie Maschinen lernen,*
https://doi.org/10.1007/978-3-658-26763-6_16

landen genau an einem Fleck oberhalb des Bullseye. Ihr anderer Kumpel Fabrizio hingegen interessiert sich eher für das günstige Bier, das es immer donnerstags (Studierendentag!) gibt und seine Pfeile landen überall auf der Dartscheibe verteilt. Lisas dritter Kumpel Florian spielt nicht so gut Dart, ist aber ein schlaues Kerlchen – er weiß, dass es sinnvoller ist, etwas tiefer zu zielen, wenn man nicht so treffsicher wirft, da dort auf der Scheibe die höheren Punktzahlen sind. Seine Pfeile landen meistens etwas unterhalb der Mitte verteilt und auch nicht konzentriert auf einem Fleck.

Um die Performance der Werfer zu beschreiben, gibt es in der Statistik die Begriffe Verzerrung und Varianz. Trifft der Werfer im Durchschnitt die Mitte, sein Ziel, so bezeichnet man dies im maschinellen Lernen als niedrige *Verzerrung (engl. bias)*. Dies ist bei Lisa, die fast immer genau die Mitte trifft, offensichtlich der Fall (siehe Abb. 16.1). Aber auch Fabrizio, der zwar durch seinen Bierkonsum etwas zittrig ist, kann dennoch ganz gut die Scheibe treffen. Auch seine Würfe landen im Schnitt genau in der Mitte, er wirft also mit niedriger Verzerrung. Die Verzerrung ist gering, solange ein Wurf, der zu weit nach oben ging, durch einen anderen Wurf zu weit nach unten ausgeglichen wird. Florian und Justin hingegen treffen im Durchschnitt immer etwas unterhalb beziehungsweise oberhalb der Mitte, sie haben damit im Vergleich zu Lisa und Fabrizio eine stärkere Verzerrung in ihren Würfen.

Lisa trifft außerdem sehr zielsicher, denn alle ihre Treffer liegen nah beieinander. Dies bezeichnet man als niedrige *Varianz*. Das gleiche gilt für Justin, auch seine Würfe haben niedrige Varianz, da er immer die gleiche Stelle trifft. Dass diese nicht die eigentlich begehrte Mitte ist, wird vom Begriff der Varianz nicht berücksichtigt. Florian

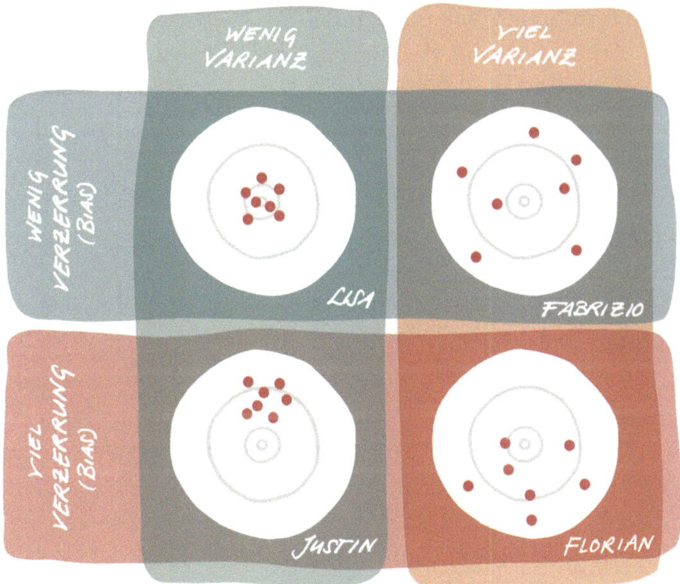

Abb. 16.1 Das Wurfverhalten von Lisas Freunden lässt sich gut mit Verzerrung und Varianz beschreiben

und Fabrizio hingegen haben beide eine hohe Varianz bei ihren Treffern, da ihre Pfeile überall verteilt landen.

Was hat dies jetzt mit maschinellem Lernen zu tun? Ziel im überwachten maschinellen Lernen ist es, ein Modell zu finden, dass wie Lisa mit niedriger Verzerrung und ebenso niedriger Varianz die Mitte der Zielscheibe trifft, also Vorhersagen macht. Sowohl Verzerrung als auch Varianz sind Fehlerquellen der Vorhersagen, die wir möglichst klein halten möchten.

Wie im Kap. 3 zum maschinellen Lernen eingeführt, teilen wir für das überwachte Lernen unsere Daten in einen Trainings- und einen Testdatensatz auf. Die Trainingsdaten benutzen wir, um das Modell zu trainieren.

Wie erfolgreich wir das Modell trainiert haben, bewerten wir dann aufgrund der Vorhersagen des Modells auf dem Testdatensatz.

Um Verzerrung und Varianz zu verstehen, müssen wir uns nun vorstellen, dass Lisa viele verschiedene Datensätze zur Verfügung stehen, auf denen sie das Modell trainieren und testen kann. (In der Geschichte von Kap. 8 hätte sie also in viele verschiedene Zoos gehen und dort Kombinationen aus Tiergewicht und Tatzengröße vermessen können.).

Die Arten der Fehler, die verschiedene Modelle auf den jeweiligen Testdatensätzen machen, lassen sich dann mit Verzerrung und Varianz beschreiben. Im obigen Dartbeispiel entspricht jeder ihrer Freunde einem Modell. Jedes Modell weist also eine gewisse Kombination aus Verzerrung und Varianz auf. Um diese abschätzen zu können, muss man ein Modell auf mehreren Datensätzen trainieren und testen. Mit den Dartpfeilen muss man nun ein wenig aufpassen. Pro Modell gibt es verschiedene Dartpfeile. Diese entsprechen den Vorhersagen des Modells, wenn es auf einem der verschiedenen Datensätze trainiert worden ist. Bei einem Modell unterscheidet sich für die Dartpfeile also nur die Datengrundlage. Der Wurf gibt dann an, wie gut die Vorhersagen des Modells sind. Pro Modell eine Person, pro Pfeil ein Datensatz. Die Modelle können beliebige Modelle des überwachten Lernens sein, von denen wir in diesem Buch bereits einige kennengelernt haben.

Modelle mit hoher Varianz (siehe Florian oder Fabrizio) passen oft ihre Vorhersagen zu stark an die Trainingsdaten an. Für leicht verschiedene Trainingsdatensätze (verschiedene Zoos, in denen Lisa Daten aufnimmt, verschiedene Dartpfeile) sehen die Vorhersagen des Modells auf dem Testdatensatz (also die Würfe auf der Dartscheibe) stark verschieden aus. Da wir annehmen können, dass es eigentlich egal sein sollte, in welchem Zoo Lisa ihre Daten aufnimmt, möchten wir dies sicherlich vermeiden. Eine hohe Varianz ist eng verknüpft mit einer zu starken Anpassung des Modells an die Trainingsdaten. Man nennt diese Überanpassung im maschinellen Lernen *Overfitting*.

Wenn wir hingegen ein Modell einsetzen, welches zu „einfach" gestaltet ist, und unser komplexes Problem nicht lösen kann, so erhalten wir ein Modell, welches eine große Verzerrung aufweist (siehe Justin und Florian). Die Vorhersagen des Modells sind im Durchschnitt einfach nicht gut. Dies liegt oft eben nicht an einer Überanpassung des Modells an die Trainingsdaten, sondern dem genauen Gegenteil: einer Unteranpassung (engl. *underfitting*). Unser Modell kann das Problem nicht aus dem Trainingsdatensatz lernen und macht durchweg schlechte Vorhersagen. Offensichtlich möchten wir auch dies vermeiden.

Und nun endlich zum *Dilemma:* Ein Modell wie Lisa, mit niedriger Verzerrung und niedriger Varianz, zu finden, ist nicht leicht. Tatsächlich ist es so, dass Verzerrung und Varianz nicht unabhängig voneinander sind, sondern ein Dilemma (engl. trade-off) darstellen. Der Gesamtfehler der Vorhersage lässt sich in Varianz und Verzerrung aufteilen. Modelle mit geringer Verzerrung haben hohe Varianz und andersherum. Der einzige Ausweg ist daher, die goldene Mitte zwischen Komplexität des Modells und Anpassung an die Daten zu finden und so den Gesamtfehler möglichst niedrig zu halten.

Da wir nicht die Lisa unter den Modellen finden können, müssen wir uns also mit der goldenen Mitte zwischen Fabrizio und Justin zufrieden geben.

17

Hauptkomponentenanalyse
Die Reduzierung aufs Relevante

Christian Hölzer

Um ein neues Auto zu kaufen, ist Lisas Vater Christoph auf dem Weg zum Autohaus. Lisa begleitet ihn. Kaum angekommen, versucht ihnen der überwältigend freundliche Verkäufer Wolfgang mehrere Autos schmackhaft zu machen. Weil sie ein Auto für ihre Familie suchen, bietet ihnen Wolfgang zuvorkommend den Royce-Rolls mit extra Sitzplätzen und mehr Kofferraumplatz an und sagt: „Das ist doch ein Familienwagen." Da sich Christoph skeptisch zeigt, stellt Wolfgang ihm einen VW Golf mit leistungsstärkerem Motor und Heck-Spoiler vor. Ist das nun der Wagen, den Christoph sich kaufen soll, oder doch der BMW X6 mit Dachgepäckträger und Anhängerkupplung? Für diese Kaufentscheidung muss man die Autos

C. Hölzer (✉)
Universität Bonn, Bonn, Deutschland
E-Mail: hoelzer@physik.uni-bonn.de

© Springer Fachmedien Wiesbaden GmbH, ein Teil von Springer Nature 2019
K. Kersting et al. (Hrsg.), *Wie Maschinen lernen,*
https://doi.org/10.1007/978-3-658-26763-6_17

voneinander unterscheiden und kategorisieren – gar nicht so einfach bei der Vielzahl an verschiedenen Merkmalen, die ein Auto so hat:

Beschleunigung (von 0 auf 100 km/h), Kofferraumvolumen, PS-Zahl, Sitzplätze, Zylinderanzahl, Hubraum, Drehmoment, Reifengröße etc. All diese Angaben finden sich zwar detailliert in den Unterlagen zu jedem Auto, doch sind die Angaben auf diesen Datenblättern für Christoph schwierig zu überblicken. Nun steht er vor der Frage, wie er mittels dieser überwältigenden Anzahl an Merkmalen die Autos charakterisieren kann. Anschließend kann er sich überlegen, welches er davon kaufen möchte, also welches der Modelle am ehesten einem „Familienwagen" entspricht.

„Wie soll ich die Autos bei all diesen Merkmalen nur unterscheiden können?", stöhnt der Vater. „Keine Sorge", sagt Lisa. „Mit der *Hauptkomponentenanalyse* ist es ganz einfach." Und SCHWUPPS zieht sie ein Karten-Quartett aus der Tasche. „Das habe ich gerade mal mit der Hauptkomponentenanalyse entworfen, damit wir uns beim Autokauf leichter tun", sagt Lisa stolz. Auf jeder Karte des Quartetts ist ein Auto des Autohauses abgebildet. Neben jedem Auto sind dessen Merkmale stichpunktartig zusammengefasst. „Obwohl diese Zusammenfassungen deutlich kürzer sind als die ausführlichen Beschreibungen, die in der Ausstellungshalle an den Autos hängen, beschreiben sie das Auto fast ebenso gut", erklärt Lisa. „In dem Quartett können wir uns auf die wenigen Komponenten konzentrieren und uns überlegen, welches Auto wir genau haben wollen."

„Ah, ja! Jetzt ist es viel einfacher den Überblick zu bekommen", sagt Christoph glücklich und zieht mit dem Quartett in der Hand im Autohaus los.

Doch wie genau hat Lisa denn eigentlich das Quartett erstellt?

Hier kommt die *Hauptkomponentenanalyse* (engl. *principal component analysis, PCA*) ins Spiel. Mithilfe dieser lassen sich Komponenten bilden, die eine Unterscheidung der verschiedenen Autos ermöglichen, ohne dass Lisas Vater Vor- oder Fachwissen einbringen muss. Der Begriff „Komponente" bezeichnet hierbei eine Kombination aus unterschiedlichen Merkmalen. Zum Beispiel könnten sich die Merkmale Breite, Länge und Höhe zur Komponente „Fahrzeuggröße" zusammenfassen lassen.

Für die PCA trägt Lisa die Merkmale eines jeden Autos in einem Koordinatensystem auf, in welchem jede Achse die Ausprägung eines Merkmals wiedergibt. Als Beispiel ist dafür in Abb. 17.1 unter Schritt 1 exemplarisch die PS-Zahl gegen den Hubraum aufgetragen. Die einzelnen Punkte geben die jeweiligen Werte für jedes einzelne individuelle Auto an.

Nun bestimmt Lisa in Schritt 2 den Mittelwert aller Punkte und trägt diesen ins Koordinatensystem ein. Als Nächstes legt sie eine Gerade derart durch den Mittelwert, dass die Abstände der Datenpunkte zu dieser minimal werden, im dritten Schritt in Abb. 17.1 als rote Striche eingezeichnet. Die Daten sollen also möglichst gut durch diese Gerade beschrieben werden, ähnlich, aber nicht genauso, wie im Kap. 8 zur linearen Regression. Diese Gerade ist die erste Komponente des Datensatzes (sog. erste Hauptkomponente). Wie im vierten Schritt und unter „Resultat der PCA" in Abb. 17.1 zu erkennen, ergibt sich die Wertigkeit der Datenpunkte nach der PCA durch ihre *Projektion* auf die Komponentenachse. Die weiteren Komponenten findet sie, indem sie das soeben beschriebene Verfahren erneut anwendet, aber darauf

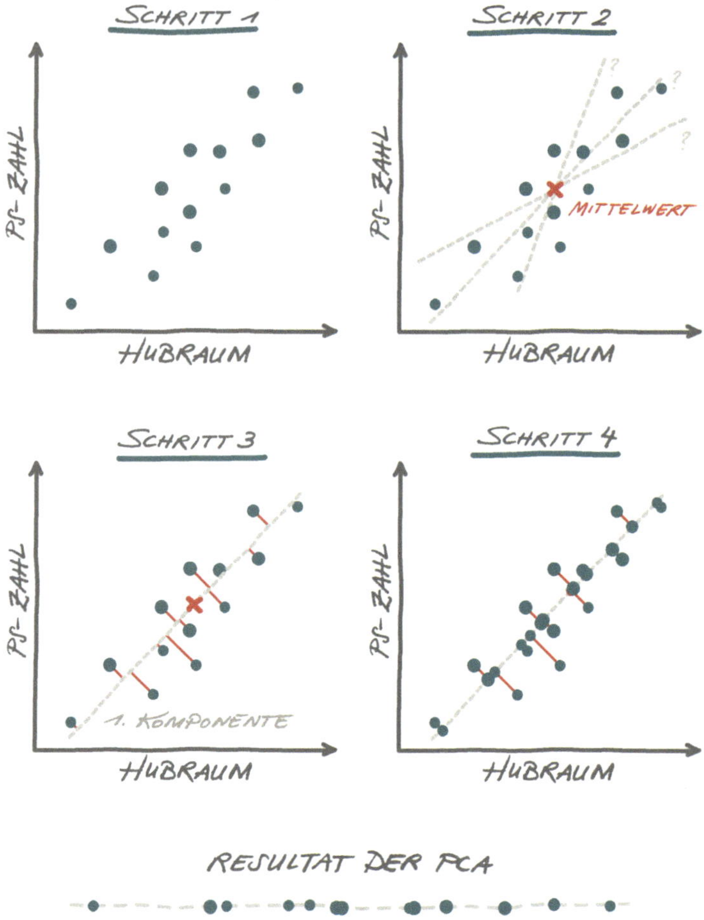

Abb. 17.1 So funktioniert die PCA

achtet, dass die neue Komponente senkrecht zu allen bisherigen Komponenten steht.

Würde die Komponentenachse nun zum Beispiel fast parallel zur Hubraumachse (in Abb. 17.1 die *x*-Achse) liegen, dann wäre diese Komponente sehr ähnlich zum Hubraum. Da sie in diesem Fall fast senkrecht zur PS-Achse steht, würde sie wenig Information über die PS-Zahl beinhalten. In Abb. 17.1 besteht die erste Komponente ungefähr zu gleichen Teilen aus Hubraum und PS-Zahl. Durch die PCA können so auch lineare Zusammenhänge gefunden werden: Hubraum und PS-Zahl stehen in unserem Beispiel ja in einem unmittelbaren Verhältnis.

Für Lisas Fall ergeben sich nach Anwendung der PCA auf die Autos im Autohaus mehrere Hauptkomponenten: Unter anderem eine, welche sich aus Hubraum, Beschleunigung und Zylinderanzahl zusammensetzt. Die nächste Komponente besteht aus Breite, Radstand, Reifengröße und Gewicht. Und noch eine weitere, welche aus Kofferraumvolumen, Anzahl der Sitze und der Stereoanlagenqualität besteht.

Nun könnte man die erste Komponente mit der Motorleistung assoziieren, die nächste Komponente könnte man zum Beispiel mit Karosseriebauform beschreiben, die dritte Komponente ist dagegen etwas schwerer zu interpretieren, man könnte sie vielleicht Innenausstattung nennen. Man merkt, dass die Komponenten nicht immer gut anschaulich interpretierbar sind.

Nun stellt sich die Frage: Sind für eine Unterscheidung der Autos tatsächlich alle Komponenten des Autos gleichbedeutend?

Um herauszufinden, wie *relevant* die jeweilige Hauptkomponente ist, schaut man sich an, wie viel der Information in den Daten durch diese Achse erklärt wird. Ist die Streuung der Datenpunkte entlang der Achse gering, haben fast alle Autos in Bezug auf diese Komponente ähnliche Eigenschaften, also hilft diese Komponente nicht viel zur Unterscheidung zwischen einzelnen Autos. Das heißt zur genaueren Unterteilung benötigt man die Varianz, ein Maß dafür, wie verstreut die Daten entlang der Achse um den Mittelwert liegen, also wie stark sich die Autos in dieser Eigenschaft unterscheiden (siehe Kap. 16 zum Verzerrung-Varianz-Dilemma). Bestimmt man den Anteil der Varianz einer einzelnen Achse an der Summe über alle Achsen, gibt dies an, wie viel der gesamten Informationen durch diese eine Achse erklärt wird. Um die Unterschiede zwischen den Autos zu beschreiben, kann man sich also auf die Achsen mit dem größten Informationsgehalt, also den größten Varianzen, beschränken.

In Christophs Fall lässt sich der Großteil der vorgestellten Autos bereits anhand der Motor-Komponente charakterisieren. Nimmt er noch die Komponente Karosseriebauform hinzu, kann er mit ganz wenigen Ausnahmen alle Autos in Gruppen unterscheiden. Das heißt, er benötigt die weitere Komponente Innenausstattung nicht wirklich, um die Autos präzise genug unterscheiden zu können.

Für Lisas Vater ist das fantastisch, er kann auch ohne Auto-Fachkenntnisse mithilfe der PCA nicht nur bedeutungsvolle Merkmale aus den Autoangaben extrahieren, sondern stellt obendrein auch noch fest, dass nur wenige Merkmale zur Unterscheidung der Autos wirklich wichtig sind. Durch diese Unterscheidung ist es Lisas Vater nun leicht möglich, den für ihn passenden Wagen zu finden. So kauft er sich letztlich lieber einen familientauglichen Wagen, als sich vom Verkäufer einen keineswegs passenden Luxuswagen aufschwatzen zu lassen.

Lisa wird mittels der PCA nicht nur Christoph bei der Suche nach einem Familienwagen helfen können, sondern ebenso ihrem Cousin bei der Suche nach einem Sportwagen. Auch Professor Steffen Rombledure kann sie mit der PCA helfen, zum Beispiel um seine Dokumente zu sortieren. Die PCA ist unabhängig von der Fragestellung und hängt nur vom Datensatz ab.

Allerdings ist die PCA nicht immer zielführend. Die Verwendung der PCA ist zum Beispiel nur dann sinnvoll, solange die *interne* Streuung kleiner ist als die Streuung *zwischen* den Gruppen.

Was dies genau bedeutet, erklären wir im folgenden Infokasten anhand eines Beispiels.

Klassifizierung mithilfe der Hauptkomponentenanalyse

Zur Veranschaulichung betrachten wir im *ersten Beispiel* eine vereinfachte Version von Christophs Autoproblem: Können wir die Autos im Autohaus in Geländewagen und Stadtauto kategorisieren?

Dazu nehmen wir vereinfachend an, die angebotenen Autos besitzen nur die Eigenschaften Reifengröße und Fensterfläche. Die dazugehörigen Werte sind für alle im Autohaus verfügbaren Autos in Abb. 17.2 aufgetragen. Wir haben die Ergebnisse hier entsprechend ihrer Gruppenzugehörigkeit zum besseren Verständnis eingefärbt. Da Lisas Vater anfangs noch nicht weiß, welches Auto zu welcher Gruppe gehört, erscheinen für ihn aber zunächst alle Punkte grau.

Die PCA gibt als erste Hauptkomponente die gestrichelte Gerade aus. Durch Projektion der Punkte auf diese Gerade können beide Gruppen leicht getrennt werden.

Die Grundbedingung der PCA, dass die 1. Hauptkomponente die meisten Informationen beinhaltet, ist hier gegeben, da die Streuung innerhalb der Gruppen deutlich kleiner ist als der Abstand der Gruppen voneinander. Somit funktioniert die PCA in diesem Beispiel und man kann die Anzahl der benötigten Merkmale von 2 auf 1 reduzieren, ohne Informationen über die Gruppenzugehörigkeit der Datenpunkte zu verlieren.

Für das *zweite Beispiel* lassen wir Lisas Vater nun einmal seine Familie und seine Arbeitskollegen befragen, ob ihnen sein neues Auto gefällt und ob sie neidisch auf das neue Auto sind. Das Resultat der Umfrage ist in Abb. 17.3 zu sehen.

Kann Lisas Vater nun die PCA zur Reduktion der Merkmale anwenden, und trotzdem noch zwischen den Befragten aus seiner Familie und seinen Arbeitskollegen unterscheiden?

Da hier die beiden Gruppen sehr große *interne* Streuungen besitzen, liegt der Großteil der Gesamtstreuung innerhalb dieser Gruppen. Mittels des Resultats der PCA kann also nicht zwischen Familie und Arbeitskollegen getrennt werden.

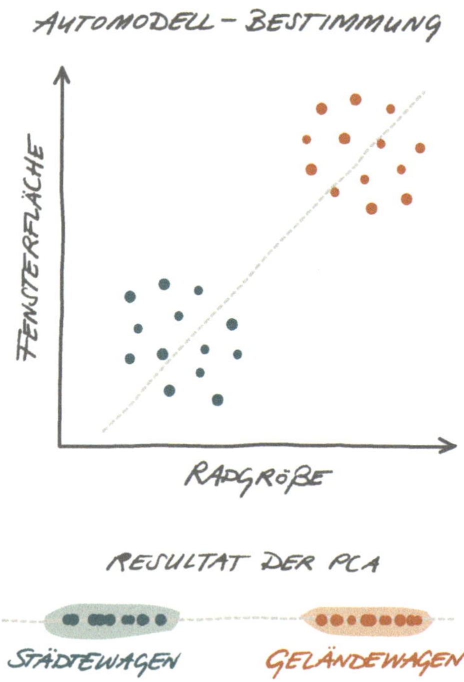

Abb. 17.2 Hier lassen sich die Gruppen gut mit der PCA zuordnen

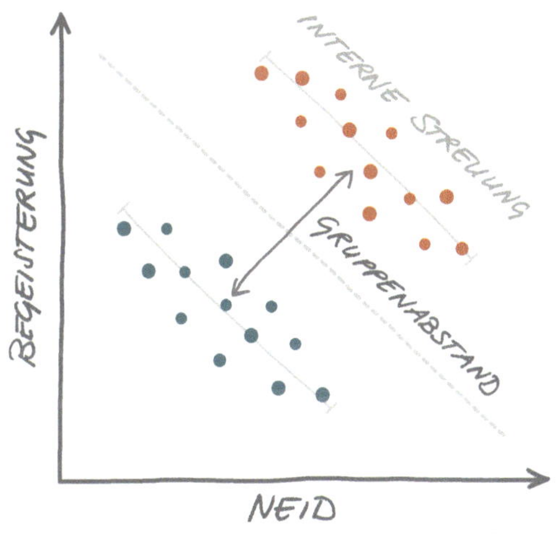

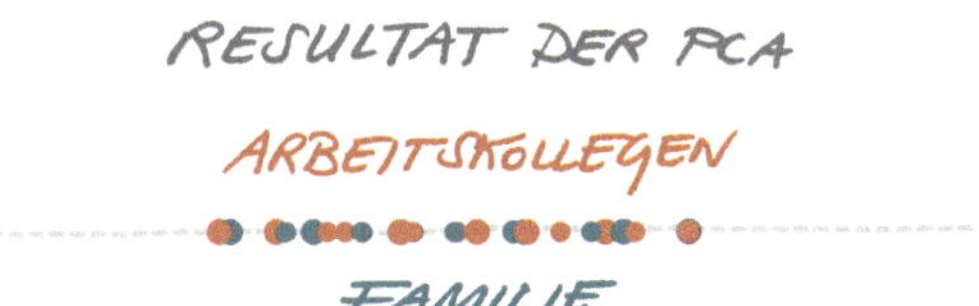

Abb. 17.3 In diesem Beispiel kann die PCA die Gruppen nicht trennen

18

Eine kurze Geschichte der künstlichen Intelligenz
Von Höhen und Tiefen

Ina Kalder

„Schätzfrage – seit wann, denkst du, gibt es eigentlich diese künstliche Intelligenz?" Lisa und ihr Mitbewohner Max grübeln zusammen am Küchentisch. „Noch nicht so lange, oder? Schau mal, AlphaGo hat erst 2017 den besten Go-Spieler geschlagen. Und das mit dem Schachcomputer, der den damaligen Weltmeister besiegt hat, daran erinnere ich mich auch noch, das müsste so Ende der Neunziger gewesen sein. Aber wirklich etwas davon hören tue ich erst seit ein paar Jahren", überlegt Max nachdenklich, „als das mit den selbstfahrenden Autos so populär wurde." „Aber wie hat das alles überhaupt angefangen?", fragt sich Lisa.

I. Kalder (✉)
Universität zu Köln, Köln, Deutschland
E-Mail: ina_kalder@gmx.net

© Springer Fachmedien Wiesbaden GmbH, ein Teil von Springer Nature 2019
K. Kersting et al. (Hrsg.), *Wie Maschinen lernen*,
https://doi.org/10.1007/978-3-658-26763-6_18

Die Antwort ist: Bereits sehr viel früher. Schon in den vierziger und fünfziger Jahren beschäftigten sich Wissenschaftler mit lernenden Maschinen und künstlichen Intelligenzen. Ein Gefühl für die Fragestellungen, für die sich die Forscher damals interessierten, gibt der sogenannte Turing-Test. In diesem muss ein Mensch nach eingehender Befragung entscheiden, welcher von seinen zwei Gesprächspartnern der Mensch und welcher die Maschine ist. Dabei kann er diese weder sehen noch hören, sondern kommuniziert mit ihnen nur über ein Chat-Fenster. Identifiziert der Fragesteller fälschlicherweise die Maschine als Menschen, so hat diese den Turing-Test bestanden.

Die Fragen, mit denen sich der Turing Test beschäftigt, sind also: Gibt es Maschinen, die denken können? Oder gibt es zumindest Maschinen, deren Antworten man nicht von einer menschlichen Antwort unterscheiden kann? Und wenn ja – wie könnte man so etwas testen?

Wieso ist künstliche Intelligenz dann erst seit vergleichsweiser kurzer Zeit in aller Munde? Nun, diese Erfolgsgeschichte ist alles andere als geradlinig. Sie ist eine Geschichte geprägt von Hochphasen und Rückschlägen (siehe Abb. 18.1). Von fehlenden Forschungsmitteln, scheinbar unlösbaren Problemen, aber auch von einem unglaublichen Optimismus und einer beeindruckenden Faszination. Und natürlich bleibt die Frage offen: Wo befindet sich die KI eigentlich jetzt?

Starten wir in dem Jahr, welches meist als die Geburtsstunde der künstlichen Intelligenz gesehen wird: 1956. In diesem Jahr wurde bei einer Konferenz in Dartmouth der Forschungsbereich der künstlichen Intelligenz erstmals offiziell definiert. Die darauffolgenden Jahre waren von neuen Ideen und Optimismus geprägt. So gelang es zum Beispiel Joseph Weizenbaum, das ELIZA-Programm zu

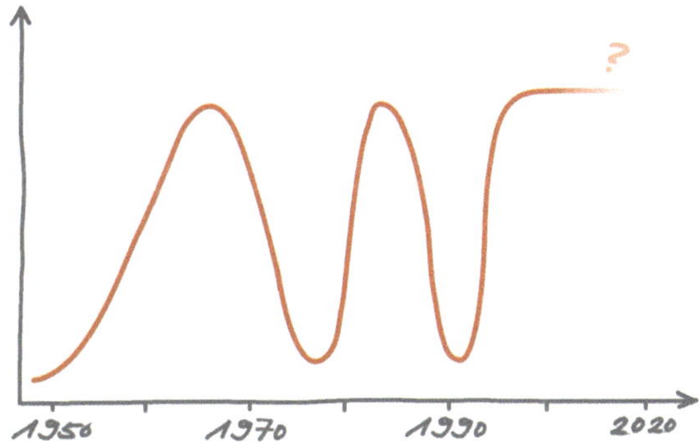

Abb. 18.1 Hoch- und Tiefphasen der künstlichen Intelligenz

entwickeln, welches einen Gesprächspartner simulieren konnte und ausführlich in Kap. 27 beschrieben wird. Auch bei der Lösung mathematischer Fragestellungen wurden rasch Fortschritte erzielt. Diese Entwicklungen führten zu einem Optimismus, der an Realitätsverlust grenzte: So prognostizierte einer der führenden Forscher, Marvin Minsky, im Jahr 1970, dass man bereits drei bis acht Jahre später eine Maschine mit der durchschnittlichen Intelligenz eines Menschen entwickeln können werde. Das Feld der künstlichen Intelligenz solle laut Minsky innerhalb der nächsten Generation *gelöst* worden sein.

Die Schwierigkeiten weiterer Entwicklungen wurden dabei maßlos unterschätzt. Forscher konnten somit die versprochenen Ergebnisse nicht produzieren und die finanzielle Förderung dieses neuen Feldes – die zu Beginn noch sehr großzügig ausfiel – wurde stark gekürzt. Oftmals waren die zur Verfügung stehenden Computer schlichtweg nicht schnell genug und hatten zu wenig Speicherplatz, um die Ideen der Forscher auszuprobieren. Einem Programm eine für den Menschen vergleichsweise einfache Aufgabe, wie zum Beispiel ein Gesicht zu erkennen, beizubringen, war eine große Herausforderung für die damaligen Wissenschaftler. Stattdessen konnten Maschinen jedoch komplexe Fragestellungen aus der Mathematik beantworten. Dies wird auch als Moravec'sches Paradox bezeichnet. Es beschreibt, warum es zu Beginn so wenig Fortschritt in den Bereichen Bilderkennung oder auch Robotik gab. Und es erklärt auch den anfänglichen Optimismus, denn wer würde nicht erwarten, dass es einfacher ist, unbeschadet durch einen Raum zu laufen als komplexe Algebra zu lösen?

Besonders die Forschung im Bereich der neuronalen Netze wurde fast komplett eingestellt, nachdem führende Forscher zeigen konnten, dass die Netze nur sehr einfache Aufgaben lösen konnten.[1]

Diese dunklen Jahre werden auch als (erster) Winter in der Geschichte der künstlichen Intelligenz bezeichnet. Erst in den 80er Jahren endete dieser Winter und der Forschung wurden wieder mehr finanzielle Mittel bereitgestellt. Denn sowohl Länder wie Japan, England oder die USA als auch deren Industrien entwickelten wieder ein größeres Interesse an künstlicher Intelligenz. Woran lag das? Zum ersten Mal in der Geschichte der KI konzentrierten sich die Wissenschaftler auf Anwendungen, die vor allem nützlich sein sollten. Diese sogenannten Expertensysteme schafften es allerdings nicht, das gesamte Spektrum an Intelligenz abzudecken. Stattdessen konzentrierten sie sich auf einen sehr kleinen Teilbereich bzw. eine bestimmte Anwendung. Beispielsweise das System XCON: Dieses stellte die einzelnen Komponenten eines Computersystems abhängig vom Kundenwunsch zusammen. Bereits 1986 brachte es dem Unternehmen DEC durch seine Schnelligkeit und hohe Genauigkeit

---

[1] „Perceptrons" von Marvin Minsky und Seymour Papert (1969).

Einsparungen in Millionenhöhe. Die Wirtschaft hatte das Thema künstliche Intelligenz für sich entdeckt.

Auch neuronale Netze, die wir in Kap. 20 noch genauer betrachten werden, wurden wieder populärer. Neue Netzwerkarchitekturen konnten Informationen besser verarbeiten als zunächst angenommen.

Doch auch diese Periode sollte nicht lange anhalten: Der Markt für Expertensysteme brach zusammen. Obwohl weitere Fortschritte erzielt wurden, änderte sich die öffentliche Wahrnehmung von künstlicher Intelligenz. Expertensysteme wie XCON waren nicht lernfähig und es war zu schwierig, sie auf dem aktuellen Stand zu halten. Zudem konnten sie den Vergleich mit den immer schneller arbeitenden Desktop-Computern nicht bestehen. Wie in der ersten Hochphase waren auch in der zweiten die Erwartungen schlichtweg übertrieben. Erneut verschwanden finanzielle Förderung und Optimismus weitestgehend und der zweite KI-Winter brach an. Er sollte jedoch erneut nicht von langer Dauer sein.

Wie sich Lisas Mitbewohner Max zu Beginn schon erinnert hat, schaffte es der Schachcomputer Deep Blue 1997 den damaligen Weltmeister Kasparov zu besiegen. Wie war das möglich? Unter anderem nahmen die Geschwindigkeit und die Rechenkapazität von Computern in den neunziger Jahren extrem zu. So konnte Deep Blue 200 Mio. Züge pro Sekunde überprüfen und war damit 10 Mio. mal schneller als der erste Schachcomputer von 1951. Aber nicht nur die Verbesserung der Computer führte zu den Erfolgen: Die künstliche Intelligenz hatte die Mathematik noch stärker für sich als Partner entdeckt und wurde immer interdisziplinärer. So wurde zum Beispiel ein aus der Stochastik bekanntes Resultat, die Bayesregel (siehe Kap. 24), im Bereich des maschinellen Lernens genutzt. Und auch die Kognitionswissenschaftler trugen mit ihrem Verständnis von Wahrnehmen, Denken und Handeln maßgeblich sowohl zu den Erfolgen im überwachten als auch denen im unüberwachten Lernen bei.

Doch obwohl viele weitere Probleme gelöst wurden, zum Beispiel in den Bereichen Spracherkennung, Logistik oder medizinischer Diagnostik, ließ der große Aufschwung auf sich warten. Warum? Der letzte Winter hatte Spuren hinterlassen. Besonders die Wirtschaft reagierte in den Neunzigern mit Abneigung auf alles, was den Namen künstliche Intelligenz trug. Daraufhin benannten Wissenschaftler ihre Forschungszweige einfach anders (zum Beispiel „Kognitive Systeme" oder auch „Computational Intelligence").

Zu Beginn des 21. Jahrhunderts fand ein Umdenken statt. Besonders das *Deep Learning,* ein Teilbereich des maschinellen Lernens, stößt seit 2011 auf viel Begeisterung. So bekamen neuronale Netze (Kap. 20) mehrere Schichten und können nun komplexere Probleme, zum Beispiel in der Bildverarbeitung, lösen. Das eröffnete unter anderem neue Möglichkeiten für den Bau autonomer Fahrzeuge. Diese Erfolge waren jedoch nur möglich, da die Menge der verfügbaren Daten extrem anstieg (weiteres dazu in Kap. 19 zu Big Data) und die Rechenleistung wuchs.

Die Kombination aus diesen zwei Dingen hat uns an den Punkt gebracht, an dem wir jetzt sind: einer Hochphase der künstlichen Intelligenz. Und die Frage bleibt: Wie wird es weiter gehen? Wird die Begeisterung der Wissenschaft und Wirtschaft für künstliche Intelligenz anhalten oder sich gar steigern? Oder steht uns etwa ein weiterer Winter bevor?

19

Big Data
Viele Daten – viel Wissen?

Christian Hölzer und Elena Natterer

Bei Lisas Vater auf der Arbeit soll *Big Data* für eine Verbesserung der Produktivität eingesetzt werden. Da Lisa den Begriff bisher nur aus den Nachrichten kennt, beschließt sie, ihren Onkel zu fragen. Von ihrem Onkel, Professor Rombledure, erfährt sie Folgendes:

Eigentlich ist Big Data ein Marketingbegriff, für welchen es keine einheitliche wissenschaftliche Definition gibt. Ursprünglich wurde der Begriff von Yahoo! benutzt, um zu sagen, dass die Daten so groß sind, dass sie nur mit den (damaligen) Ressourcen von Yahoo! verarbeitet werden konnten. Mittlerweile sprechen wir von Big Data, wenn

C. Hölzer (✉)
Universität Bonn, Bonn, Deutschland
E-Mail: hoelzer@physik.uni-bonn.de

E. Natterer
Tübingen, Deutschland

© Springer Fachmedien Wiesbaden GmbH, ein Teil von Springer Nature 2019
K. Kersting et al. (Hrsg.), *Wie Maschinen lernen,*
https://doi.org/10.1007/978-3-658-26763-6_19

Daten die drei sogenannten *V's* erfüllen: *Volume* (Umfang, Datenvolumen), *velocity* (Geschwindigkeit der Erzeugung und Verarbeitung der Daten), *variety* (viele unterschiedliche Datentypen- und quellen). Als „Big Data" bezeichnet man typischerweise große Mengen an Daten, die zu groß (zu „big") sind, um sie auf einem einzelnen Computer zu speichern oder auszuwerten. In großen Computer-Rechenzentren (wie sie Universitäten oder Unternehmen besitzen) ist es möglich, diese Daten zu strukturieren und zu analysieren.

Nun fragt sich Lisa, worin denn der Vorteil von diesen großen Datenmengen liegt. Rombledure hat auch darauf eine Antwort: Durch große Datenmengen ist man in der Lage, Zusammenhänge zu erkennen, die bei kleineren Datenmengen im Rauschen untergehen würden. Denn bei Datenmessungen hat man immer auch Messungenauigkeiten (ein sog. „Rauschen" auf den Daten). Verfügt man nur über wenige Messpunkte, ist es schwierig, Tendenzen und Korrelationen zu erkennen, da die Ungenauigkeiten bei wenigen Punkten zur Ermittlung von Korrelationen stärker ins Gewicht fallen, als wenn man viele Messpunkte zu Verfügung hat. Dabei ist die Aussage „viele" Messpunkte relativ, da sie stark von der Anzahl der Dimensionen abhängt. Liegt ein Datensatz mit 2 Variablen vor, so sind 100 Messpunkte vielleicht schon viel. Im Fall von 100 Variablen sind 100 Messpunkte hingegen eher wenig (siehe auch Kap. 12 Fluch der Dimensionalität).

Lisa grübelt ein bisschen darüber, an welchen Beispielen sie sich Big Data und dessen Nutzen genauer vorstellen kann. Schließlich ruft sie ihre Mutter Theresa an, die als Ärztin im nahegelegenen Krankenhaus arbeitet. Von ihr hat Lisa auch letztens den Begriff Big Data gehört. Die Mutter gibt Lisa ein Beispiel aus ihrem Arbeitsumfeld:

„Eine seltene Krankheit habe ich bisher im Krankenhaus nur wenige Male gesehen – vielleicht nur ein bis zweimal, und immer an Menschen über 50. Kann ich also darauf schließen, dass diese Krankheit nur bei Menschen über 50 auftritt? Nein, denn die Datenmenge ist viel zu gering, um verallgemeinernde Aussagen machen zu können. Würde ich allerdings meine Erfahrungen mit Patienten von anderen Ärzten verbinden, so könnten wir zum Beispiel erkennen, dass von den 10.000 Fällen, bei denen diese Krankheit in Deutschland aufgetreten ist, nur fünf der Betroffenen unter 50 Jahre alt waren. Dadurch könnte man dann durchaus darauf schließen, dass die Krankheit erst ab einem bestimmten Alter auftritt.“

„Ah, das ergibt Sinn“, sagt Lisa. „Klar, durch größere Datensätze kann man erkennen, dass es eine Korrelation zwischen Alter und Erkrankung gibt, und es nicht bloß Zufall war, dass die Krankheit so aufgetreten ist. Aber seit wann macht man das mit dem Datensammeln denn?“

Auch darauf hat Theresa eine gute Antwort parat: „Datensammlung wird schon seit jeher betrieben. Historiker gehen davon aus, dass schon im alten Rom genau aufgezeichnet wurde, wer wo wohnt und wie viele Steuern zahlt. Das Erheben und Aufzeichnen von Daten ist also nichts Neues. Lediglich der große Umfang der heutigen Datenmengen, und die Leichtigkeit, mit der sie gesammelt werden können, ist neu.“

Durch die zunehmende Digitalisierung werden mehr Daten generiert und gemessen. Durch die zunehmende Vernetzung können diese Daten gebündelt werden, wodurch große Mengen zusammenkommen, die man als Big Data bezeichnet. Der Enthusiasmus, den Big Data hervorruft, kommt also gerade von der neu erlangten Einfachheit, Daten zu sammeln und zu verwerten.

Es werden alle möglichen Daten gesammelt. Im Prinzip alles, was die Fragen „Wer? Wo? Was? Wann? Wie?" beantwortet. Schauen wir uns Lisas typischen Tagesablauf an: Welche Zeitung liest Lisa, und um wie viel Uhr? Auf der App oder auf der Webseite? Wo möchte Lisa heute hinfahren? Das schaut sie auf einer virtuellen Karte oder auf der Seite des Nahverkehrs nach. Wo befindet sich Lisa wann? Auch diese Standortdaten werden gesammelt. Wonach sucht Lisa online? Wann? Auf welche Werbeanzeigen reagiert sie? Bei allem, wofür man das Internet nutzt, generiert man Daten. Es wird allerdings nur ein Bruchteil dieser Daten erhoben und davon wiederum nur ein Bruchteil verknüpft und ausgewertet.

Maschinelle Lernverfahren kommen häufig bei der Interpretation dieser Daten zum Einsatz. Wir erinnern uns, dass unüberwachte Lernalgorithmen häufig eingesetzt werden, um Strukturen in Datenmengen zu erkennen. Das Anwendungsgebiet dieser Daten reicht dabei von der zielgerichteten Meinungsforschung, über personalisierte Werbung, bis hin zur Prognose zukünftiger Ereignisse.

Ein Beispiel ist *personalisierte Werbung:* Mit vielen Daten kann man deutlich an den Konsumenten angepasstere Werbung schalten, als es bislang der Fall war. Daher sorgen sich viele Menschen zurecht um ihre Privatsphäre. Die Nutzung von persönlichen Präferenzen, Aufenthaltsorten und bisherigen Verhaltensmustern beginnt die *Meinungsforschung* zu ersetzen: Um zu wissen, warum Menschen Dinge tun, kann nachverfolgt werden, *was* diese Menschen tun, anstatt sie wie im klassischen Sinn der Meinungsforschung *zu fragen.*[1] Mit genügend Daten,

---

[1]Zitat von Chris Anderson, Editor-in-Chief von Wired, in „Six Provocations for Big Data" by D. Boyd, K. Crawford, 2011, S. 3, http://dx.doi.org/10.2139/ssrn.1926431.

so das aktuelle Credo, sprechen die Zahlen aus statistischer Sicht für sich und zukünftiges (Kauf-)Verhalten lässt sich besser vorhersagen.

Ein weiteres Beispiel betrifft *(Wahl-)Prognosen*. Insbesondere dort wird die Macht von Big Data klar und dass Big Data unser Leben beeinflussen kann. So hat Cambridge Analytica die Präsidentschaftswahl der USA 2016 mit illegaler Datensammlung und -auswertung beeinflusst und damit mit Big Data-Methoden zum Wahlsieg Donald Trumps beigetragen. Dabei wurden Facebook-Profile mit einem Persönlichkeitsmodell ausgewertet und so mithilfe einer Analyse der politischen Gesinnung der Wähler potenzielle Swing-States ausfindig gemacht. In diesen wurde der Wahlkampf intensiviert, wodurch ein Großteil dieser Wahlbereiche gewonnen wurde.[2] Die Facebook-Nutzer, deren Profile analysiert wurden, und deren Facebook-Freunde, auf deren Profil Cambridge Analytica Zugriff hatte, hatten dabei der Nutzung ihrer Daten für diese Zwecke nicht zugestimmt. Dies ist daher ein Beispiel dafür, dass Daten immer auch in die falschen Hände gelangen können.

Das weltweite Datenvolumen wächst stetig: Jede Sekunde werden weltweit im Internet über 63.000 Suchanfragen gestellt, was zu über 2 Billionen Suchanfragen im Jahr führt.[3] Machen wir folgende Annahmen: Eine

---

[2]The Guardian, zuletzt aufgerufen am 7. Mai 2019, https://www.theguardian.com/uk-news/2018/mar/23/leaked-cambridge-analyticas-blueprint-for-trump-victory.

[3]https://seotribunal.com/blog/google-stats-and-facts/, zuletzt aufgerufen 15. April 2019.

https://searchengineland.com/google-now-handles-2-999-trillion-searches-per-year-250247, zuletzt aufgerufen am 15. April 2019 Auf der Seite seht ihr, wie viele Suchanfragen täglich gemacht werden: http://www.internetlivestats.com/google-search-statistics/, zuletzt aufgerufen am 15. April 2019.

Suchanfrage enthält im Durchschnitt 4 Wörter[4], und ein Buch beinhaltet im Durchschnitt 400.000 Wörter und ist ca. 4 cm dick. Würde man all diese Anfragen im Jahr in Büchern drucken und diese stapeln, erhielte man einen Turm dessen Höhe 800 km betragen würde, was dem Tausendfachen der Höhe des höchsten Gebäudes der Welt (ca. 800 m) entspricht (siehe Abb. 19.1). Durch immer weitere neue Technologien, welche Daten messen und speichern, wächst der Anstieg der weltweiten Datenmengen zunehmend. Die Größe der digitalen Datenmenge verdoppelt sich ungefähr alle zwei Jahre, was zu einem exponentiellen Wachstum der Datenmengen führt.[5]

Doch *größere* Datenmengen sind nicht unbedingt *bessere* Datenmengen. Wenn Sozialwissenschaftler beispielsweise Twitter nutzen möchten, um Schlüsse über die Gesamtbevölkerung zu ziehen, kann das aus einigen Gründen schiefgehen: Erstens repräsentiert Twitter nicht *alle* Menschen, obwohl „Twitternutzer" und „Menschen" häufig synonym genutzt werden. Auch ist die Bevölkerung, die Twitter nutzt, nicht repräsentativ für die globale Bevölkerung. Manche Accounts sind zum Beispiel „Bots", die automatischen Inhalt erzeugen, ohne menschliches Verhalten abzubilden. Big Data und aussagekräftige Datensätze sind also nicht immer das Gleiche.

Man darf sich nicht nur an der absoluten Anzahl an Datenpunkten orientieren, um einen Datensatz

---

[4]Durchschnittliche Länge von Suchanfragen: https://www.adzine.de/2017/03/drei-woerter-oder-mehr-suchanfragen-werden-immer-laenger/, zuletzt aufgerufen am 15. April 2019.

https://ahrefs.com/blog/long-tail-keywords/, zuletzt aufgerufen 15. April 2019.

[5]Datenvolumen im Internet: http://www.ieee802.org/3/ad_hoc/bwa/BWA_Report.pdf Datenvolumen allgemein: https://insidebigdata.com/2017/02/16/the-exponential-growth-of-data/, Artikel von 2017, zuletzt aufgerufen am 15. April 2019.

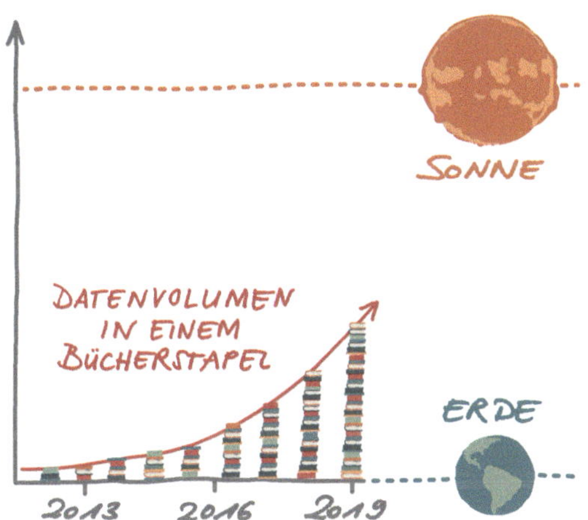

Abb. 19.1 Die Anzahl der Suchanfragen durch Suchmaschinen pro Jahr steigt exponentiell an und ist bereits jetzt unglaublich groß

zu beurteilen. Vielmehr kommt es darauf an, ob der Datensatz den real vorliegenden Sachverhalt annähernd allumfassend – und nicht nur einseitig oder bruchstückhaft – beschreiben kann. Bezieht man die Qualität des Datensatzes nicht mit ein, so ist die Größe des Datensatzes oftmals sogar bedeutungslos.

Ob durch die Einführung von Big Data die Produktivität bei Lisas Vater auf der Arbeit gesteigert werden kann, wird von der Qualität der Daten und Umsetzung der Algorithmen abhängen. Auch sind auftretende Effekte wie das Verzerrung-Varianz Dilemma und das mögliche Auftreten des Fluchs der Dimensionalität für aussagekräftige Ergebnisse entscheidend (siehe Kap. 12 und 16).

20

Künstliche neuronale Netze

Ein Nachbau unseres Gehirns?

Leon Hetzel und Frederik Wangelik

Als großer Musikfan steht Lisa vor einem ernst zu nehmenden Problem. Sie wollte sich eigentlich auf das Festival „Wocken" vorbereiten, welches sie schon seit vielen Jahren mit großer Freude besucht. Leider hatte sie noch einige Vorbereitungen für ein Biologie-Seminar an der Uni zu erledigen, sodass keine Zeit mehr blieb, sich in die Musik aller auftretenden Bands reinzuhören. Nun musste sie auch noch erfahren, dass zu Marketingzwecken angeblich eine ganze Reihe von Popbands eingeladen worden

L. Hetzel (✉)
University of Oxford, UK, aus Werther, Deutschland
E-Mail: leon.hetzel@googlemail.com

F. Wangelik
RWTH Aachen, Aachen, Deutschland

© Springer Fachmedien Wiesbaden GmbH, ein Teil von Springer Nature 2019
K. Kersting et al. (Hrsg.), *Wie Maschinen lernen,*
https://doi.org/10.1007/978-3-658-26763-6_20

sind. Als eingefleischte Liebhaberin des Powermetals ist das eine Katastrophe für Lisa. Damit sie sich nicht durch die Musik aller Bands arbeiten muss, um herauszufinden, auf welche Konzerte sie definitiv nicht geht, hätte sie gerne einen Weg, alle Bands anhand bestimmter Merkmale ihrem Genre zuzuordnen. Lisa möchte also mal wieder ein Klassifikationsproblem lösen.

Nach einigen energischen Schritten kommt ihr die rettende Idee. Schnell spurtet sie zum Telefon und ruft ihren Freund Computer-Crack Constantin zur Hilfe. Constantin kommt sofort und soll versuchen, die unbekannten Bands des Festivals mit dem Computer zu analysieren. Als Computerexperte möchte Constantin eine Lösung mit einem Prinzip finden, welches leicht auf andere Probleme übertragbar ist. Alle auftretenden Bands zu recherchieren wäre da zu langwierig (s. Abb. 20.1).

Nach einem kurzen Moment entspannt sich die in Falten geworfene Stirn von Computer-Crack Constantin, da ihm seine Studien zum maschinellen Lernen wieder eingefallen sind. Er selbst besitzt einige Metal- und Poplieder in seiner Mediathek, die er auf charakteristische Merkmale des Genres testen kann. Gemeinsam mit Lisa entscheidet er, dass die beiden Merkmale „Lautstärke" und „Schnelligkeit" von Pop- zu Metalmusik wohl sehr unterschiedlich ausfallen müssten. Sein Ziel ist es also, anhand dieser beiden Merkmale Lisas Geschmack mit dem Computer zu analysieren und dann auf die Festival-Stücke zu übertragen. Nun, da die Idee gefasst ist, geht es schnell: Constantin erfasst die Daten in seiner Mediathek und klassifiziert diejenige Musik, die Lisa gefällt, mit 1 und alles andere mit 0. Die beiden betreiben also überwachtes Lernen (siehe Kap. 3). Schon während die beiden

Abb. 20.1 Mit ein bisschen Probehören lernt das neuronale Netz Pop- von Metalmusik zu unterscheiden

die Resultate in eine Grafik (siehe Abb. 20.2) übertragen, haben sie einen starken Verdacht, an welcher Stelle man die beiden Musikrichtungen voneinander trennen kann.

Als ausreichend Trainingsdaten erfasst sind, überlegen die beiden, welche Methode sie zur Klassifizierung benutzen wollen. Da Lisa schon viel von *neuronalen Netzen* gelesen hat, schlägt sie vor, einen solchen Algorithmus anzuwenden. Constantin ist einverstanden und gemeinsam vergegenwärtigen sie sich noch einmal das grundlegende Prinzip ausgehend von der biologischen Motivation. In biologischen neuronalen Netzen, wie beispielsweise dem menschlichen Gehirn, sind viele Nervenzellen, also Neuronen, miteinander verbunden. Während des Denkprozesses werden zunächst zahlreiche Signale anderer Neuronen auf einer „Seite" des *Neurons* empfangen und im Anschluss in diesem aufsummiert. Wenn die entstehende Summe eine

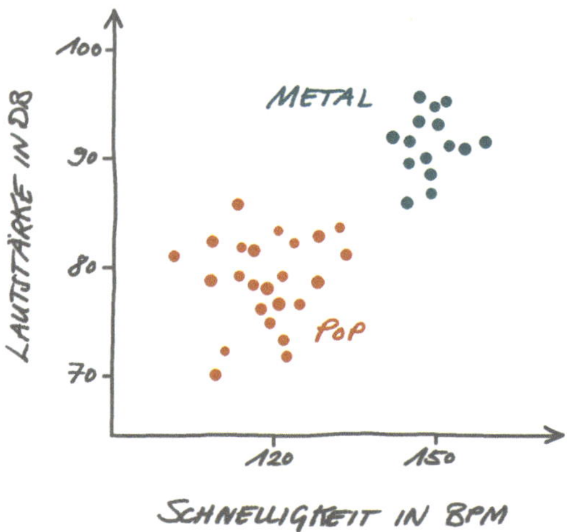

Abb. 20.2 Gruppierung der Musikstücke nach Lautstärke, gemessen in Dezibel (dB), und Schnelligkeit, gemessen in Schlägen pro Minute (BPM)

gewisse Schwelle überschreitet, gibt das Neuron ein Signal an alle anknüpfenden Neuronen weiter – man sagt, es „feuert". Entsprechend kommt es im anderen Fall – die Summe erreicht den Schwellenwert nicht – zu keiner Signalweiterleitung. Eine illustrative Übersicht der verschiedenen Aspekte ist in Abb. 20.3 zu sehen.

Im Falle von künstlichen neuronalen Netzen versucht man dieses Verarbeitungsprinzip im Computer (sehr vereinfacht) nachzubauen. Constantin verdeutlicht das am Beispiel eines einzelnen künstlichen Neurons, einem sogenannten *Perzeptron*. Ein Perzeptron empfängt, so wie es auch der (sehr) naiven Vorstellung von einem biologischen Neuron entspricht, Eingabewerte. Im Allgemeinen sind diese nicht beschränkt, es kann sich um 10, 20 oder auch 412 Eingaben handeln. Im Beispiel von Lisa

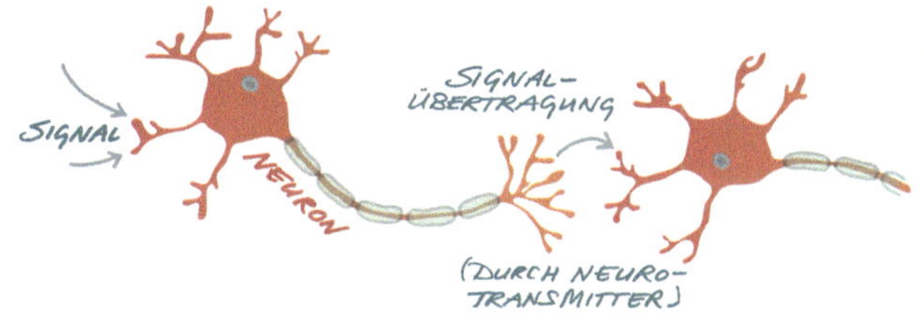

Abb. 20.3 Schematische Darstellung eines Neurons

und Constantin gibt es genau 2 Eingabewerte, die Lautstärke und die Schnelligkeit, welche charakteristisch für die jeweiligen Bands sind.

Abb. 20.4 zeigt die einzelnen Bestandteile des Perzeptrons. Zunächst werden die verschiedenen Eingaben Schnelligkeit und Lautstärke mit *Gewichten w* multipliziert und anschließend im Neuron summiert. Ihrem Namen entsprechend gewichten die Gewichte die Eingaben und legen damit den jeweiligen Einfluss auf die Summe fest.

Bevor es aber zur Ausgabe kommen kann, muss das Ergebnis der Summe noch in eine passende Form gebracht werden – im Fachjargon wird dieser Vorgang *Aktivierungsfunktion* genannt. In unserem Fall besteht solch eine „passende" Form der Ausgabe aus Nullen und Einsen: Hierbei soll Popmusik die 0 und Metaltiteln die 1 zugeordnet werden. Intuitiv ist klar, dass eine Schwelle vorhanden sein muss, die bestimmt, welche Summenergebnisse im Neuron zu einer 0 und welche zu einer 1 führen. In der Analogie zum feuernden biologischen Neuron wollen Lisa und Constantin also ein künstliches Perzeptron entwickeln, welches die Eingaben so verarbeitet, dass es nur dann feuert, wenn es sich um ein Metallied handelt.

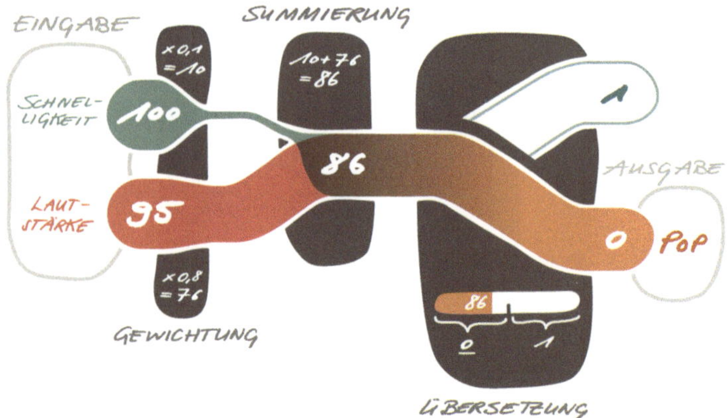

Abb. 20.4 Schematische Arbeitsweise und Informationsverarbeitung innerhalb eines Perzeptrons mit zufälligen Gewichten w. Hier wurde ein Metallied fälschlicherweise als Poplied identifiziert

„Hmmmm", raunt Lisa, „Wenn in unserem Fall also schon ein einzelnes Neuron genügt, dann brauchen wir gar kein Netz, was doch erst durch die Verbindung von mehreren Neuronen entsteht, oder?" „Ja, ganz genau! Trotzdem haben wir aber noch nicht behandelt, wie Neuronen überhaupt lernen können." Constantin verweist auf das vorliegende Beispiel, in dem das Perzeptron – in komplizierten Situationen das neuronale Netz, also der Zusammenschluss vieler Neuronen – die Eingaben Schnelligkeit und Lautstärke eines unbekannten Musiktitels richtig klassifizieren soll, indem es Popmusik eine 0 und Metalmusik eine 1 zuweist.

Um eine solche Klassifizierung zu ermöglichen, werden die Parameter (*Gewichte* im Neuron) basierend auf den Trainingsdaten (Musiktitel aus Constantins Mediathek) „trainiert" – das heißt angepasst, bis die gewünschten

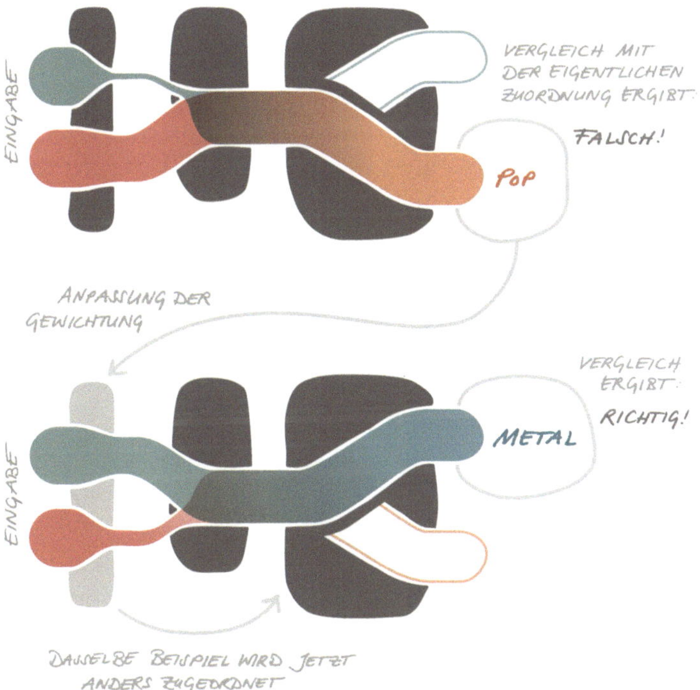

Abb. 20.5 Visualisierung des Lernvorgangs der Gewichte. In diesem Prozess lernt das Perzeptron die Relevanz von Schnelligkeit und Lautstärke für die Klassifikation von Musiktiteln mittels der Gewichte darzustellen

Ausgabe erfolgt. Das Prinzip ist schematisch in Abb. 20.5 dargestellt. Ohne Kenntnisse über das Problem vorauszusetzen, bestimmen wir zunächst zufällige Werte für die Gewichte und analysieren dann die Ausgabe zu der gegebenen Eingabe. Wurde richtig klassifiziert, bleiben alle Gewichte des Netzes unverändert. War die Ausgabe allerdings unzutreffend, befolgt das Perzeptron eine *Lernregel:*

Die Gewichte werden abhängig vom Fehler in der Ausgabe angepasst. Ausgaben, die „fast richtig" sind, führen zu „kleinen" Anpassungen der Gewichte und „sehr falsche" Ausgaben zu „großen" Anpassungen. Auch die Richtung, in welche die Gewichte angepasst werden müssen, kann man berechnen. Mit jedem weiteren Trainingsschritt wird dieses Lernprinzip wiederholt und eine immer bessere Vorhersage erreicht (siehe dazu auch Kap. 22 zum Gradientenabstiegsverfahren).

„Das bedeutet also, dass wir die unbekannten Festivalbands dann ganz einfach als Metal- oder Popbands identifizieren können, oder?", hakt Lisa euphorisch nach. „Worauf warten wir also noch?" Gemeinsam gehen sie einen Schritt weiter und setzen die Theorie in Programmcode um. Insgesamt führen sie 45 Trainingsschritte durch, also für jede Beispielband aus Constantins Mediathek eine weitere Anpassung der Gewichte, und erhalten schlussendlich das fertig trainierte Perzeptron. Aus seinen Gewichten lässt sich, wie bei den bisherigen Methoden zur Klassifikation auch, die finale Trennlinie der Genres darstellen (siehe Abb. 20.6).

Nun können die beiden mit dem Perzeptron auch die unbekannten Bands des Festivals klassifizieren, ohne ein einziges Lied angehört zu haben. Das entsprechende Resultat ist in Abb. 20.7 zu sehen. Übrigens: In bestimmten Situationen erhält man durch das Perzeptron genau die gleiche Trennlinie wie durch die SVM (Support Vector Machine) aus Kap. 13. Für mehrere miteinander verbundene Neuronen, also ein neuronales Netz, gilt dies allerdings nicht mehr.

Als Constantin und Lisa das Ergebnis sehen, schauen sie sich völlig irritiert an. Ihrer Analyse zur Folge lässt sich keine der Bands bei „Wocken" in das Pop Genre stecken.

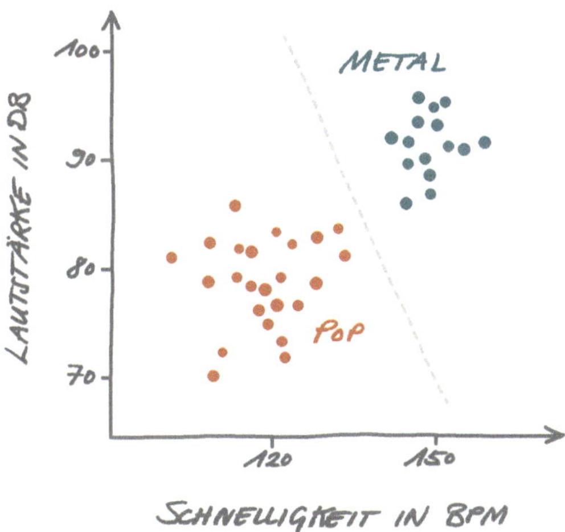

Abb. 20.6 Darstellung der finalen Entscheidungsregel des Perzeptrons

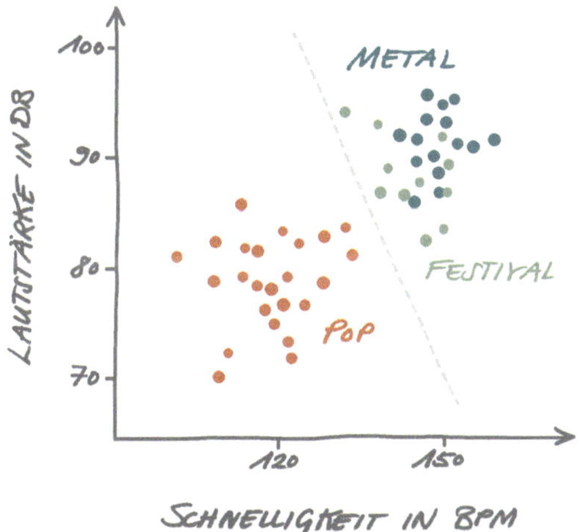

Abb. 20.7 Vorhersage des Genres unbekannter Musikstücke mittels der Entscheidungsregel

Im Gegenteil, die Bands entsprechen zu einem großen Teil genau Lisas Geschmack. Während die Hände von Computer-Crack Constantin noch hektisch über die Tastatur fliegen und er nach Fehlern in seinem Code sucht, wirft Lisa die Hände über dem Kopf zusammen und stöhnt erleichtert auf. Ihr ist just klar geworden: Die Nachricht von dem Medienmogul Trumptastik war eine fiese Finte, um die Festivalbesucher gegen „Wocken" aufzubringen. Glücklicherweise sind Constantin und Lisa dieser Lüge noch rechtzeitig auf die Schliche gekommen und dank des Perzeptrons bleibt es ihr möglich, auch noch in Zeiten von Fake News frohen Mutes das „Wocken"-Festival zu besuchen.

Ganz glücklich ist Lisa jedoch noch nicht. Die Stirn leicht in Falten geworfen schaut sie Constantin fragend an. „Du bist noch unzufrieden, weil dir die Struktur eines neuronalen Netzes bestehend aus mehreren Neuronen nicht klar ist, oder?", entgegnet er.

„Wichtig ist, dass es nicht das eine Netz gibt – oder den einen Algorithmus. Ausgehend vom Perzeptron haben sich mit der Zeit verschiedene Abwandlungen ergeben, die zu unterschiedlichen Netzformen, *Netzarchitekturen*, geführt haben Meistens benutzt man sogenannte FFNNs, die Feed Forward Neural Networks. Bei diesen sind mehrere Neuronen in Schichten angeordnet. Jedes Neuron funktioniert nach dem vorgestellten Prinzip und Informationen werden durch die Schichten ‚nach vorne' weitergegeben. Die Ein- und Ausgänge der Neuronen sind hierbei wie in dieser Skizze verbunden" (siehe Abb. 20.8).

Lisa nickt verständig und Constantin erläutert weiter: „Durch die hinzukommenden Verknüpfungen im Vergleich zum einfachen Perzeptron ist es dann möglich auch komplizierte Abhängigkeiten in großen Datenmengen

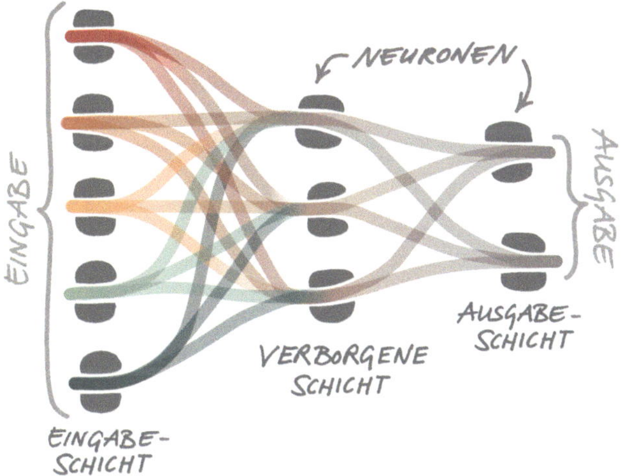

Abb. 20.8 Constantins Skizze von dem Graphen eines künstlichen neuronalen Netzes. Jede schwarze Einheit entspricht einem einzelnen Neuron wie in Abb. 20.3

zu erkennen. Zum Beispiel kannst du versuchen Entscheidungsregeln für Wettervorhersagen oder die Finanzmärkte abzuleiten. Hierbei reicht die erlernte Trennlinie des Perzeptrons oft nicht aus." „Und wie kann ich mir so eine Schicht vorstellen?", fragt Lisa. „Nun, es gibt verschiedene Arten. Die *Eingabeschicht* besteht zum Beispiel aus allen Neuronen, die die Eingangsdaten – bei uns Schnelligkeit und Lautstärke – verarbeiten. Im *Graphen* eines neuronalen Netzes werden diese Neuronen dann senkrecht untereinander dargestellt" (siehe Abb. 20.8).

„Ebenso kannst du frei entscheiden, wie viele Neuronen auf die Eingabeschicht folgen: vier oder doch besser zwölf? So geht es dann immer weiter bis zur letzten Schicht von Neuronen, die du entsprechend *Ausgabeschicht* nennst. Alle anderen Neuronenschichten werden ihrer Position gemäß *verborgene Schichten* genannt. Nach diesem Prinzip verarbeitet jede Schicht mit ihren zugehörigen Neuronen die eintreffenden Daten gleichzeitig und leitet die Ergebnisse an die nachfolgende Schicht weiter.“

„Achso, darum der Name Feed Forward“, ergänzt Lisa, „der Informationsfluss folgt stets der Anordnung der Schichten.“

Constantin erklärt außerdem, dass es für die Frage nach einer „besten“ Struktur keine eindeutige Antwort gibt und die optimale Architektur häufig über viele Versuche hinweg gefunden werden muss. „Uff“, rutscht es Lisa heraus und Constantin zugewandt sagt sie: „Ich muss jetzt leider zu meinem Seminar… Vielleicht kannst du mir später mehr davon erzählen!“

Abschließend wollen wir nochmal zusammenfassen, was Lisa während des gesamten Projektes gelernt hat. Zusammen mit Constantin wollte sie unbekannte Musikstücke effizient nach Genre kategorisieren. Hierfür entschieden sie sich, ein Perzeptron-Modell zu nutzen, welches das Genre ausgehend von bekannten Musikwerken klassifizieren kann.

Neuronale Netze bestehen aus mehreren verknüpften künstlichen Neuronen und lassen sich auch für andere Klassifizierungs-, Regressions-, und Clusteringprobleme anwenden. Der Lernprozess besteht aus der Anpassung der Gewichte. Außerdem müssen – abhängig vom zu lösenden Problem – die Anzahl an Neuronen und benötigten Neuronen-Schichten sowie die exakten Lernregeln pro Neuron ausgewählt werden. Dies unterstreicht die Flexibilität der Methode, bekräftigt jedoch auch die

Komplexität, weshalb in der Praxis häufig einfache, überschaubarere Modelle als Alternative gewählt werden.

In der aktuellen Forschung gibt es viele Weiterentwicklungen und Varianten der neuronalen Netze. Im nächsten Kapitel stellen wir eine besonders erfolgreiche vor.

21

Faltungsnetze
Neuronales Origami

Jannik Kossen und Maike Elisa Müller

Lisa ist begeistert von neuronalen Netzen. Aber so ganz versteht sie den Hype nicht. Die Aufgabe des Kap. 20 hätte sie auch mit einer der vielen anderen Klassifizierungsmethoden des maschinellen Lernens lösen können, die ihr schon begegnet sind. Nach ihrem gemeinsamen Treffen hat Computer-Crack Constantin ihr noch erzählt, dass eine der wichtigsten neuen Formen neuronaler Netze die sogenannten *Faltungsnetze* (engl. *convolutional neural networks,* kurz *CNNs*) sind. Sie lassen sich besonders gut für die Bilderkennung anwenden. Lisa findet die Idee

J. Kossen (✉)
Universität Heidelberg, Heidelberg, aus Darmstadt, Deutschland
E-Mail: jannik.kossen@gmail.com

M. E. Müller
TU Berlin, Berlin, Deutschland

© Springer Fachmedien Wiesbaden GmbH, ein Teil von Springer Nature 2019
K. Kersting et al. (Hrsg.), *Wie Maschinen lernen,*
https://doi.org/10.1007/978-3-658-26763-6_21

spannend. Sie findet aber auch, dass sie in letzter Zeit genug verrückte Abenteuer erlebt hat. Deswegen begnügt sich heute einmal mit einer Literaturrecherche:

Ein Bild besteht aus mehreren Millionen einzelner Bildpunkte, den Pixeln. Bei Schwarz-Weiß Bildern ist jeder dieser Pixel im Computer als eine Zahl gespeichert, welche die Helligkeit des Bildpunkts angibt. Bei Farbbildern müssen gleich drei Helligkeitswerte, jeweils für rot, grün und blau, gespeichert werden. Das heißt ein Farbbild, welches aus 800×600 Pixeln besteht, also 800 Bildpunkte breit und 600 Bildpunkte hoch ist – zum Beispiel ein typisches Handyfoto – besteht schon aus $800 \times 600 \times 3 = 1.440.000$ Zahlen!

Die große Informationsmenge eines Bildes kann von einem einzelnen Perzeptron nicht mehr verarbeitet werden. Deswegen müssen diese vielen Punkte nun in ein neuronales *Netz* aus vielen Neuronen gesteckt werden. Hierbei sind verschiedene Ansätze denkbar. Doch mit herkömmlichen neuronalen Netzen kommt man in der Bilderkennung nicht weit. Lediglich sehr einfache Probleme, also zum Beispiel Bilder mit *sehr* wenigen Pixeln oder einfachen Objekten, lassen sich lösen. Bei größeren Bildern oder komplexeren Objekten, führen sie nicht zum Erfolg. Der Fluch der Dimensionalität (siehe Kap. 12) schlägt mal wieder zu, denn jedes Handyfoto ist ein Datenpunkt mit $1.440.000$ Dimensionen! In diesem Datenchaos die Ordnung zu finden, ist selbst für einfache neuronale Netze zu schwer.

Aber es gibt ein weiteres, entscheidendes Problem zu lösen: Stellen wir uns vor, wir möchten Menschen auf Landschaftsaufnahmen erkennen. Grundsätzlich kann ein neuronales Netz durchaus die Kombinationen an Pixeln lernen, die einen Menschen ausmachen. Auf Landschaftsaufnahmen können sich Menschen aber an vielen verschiedenen Positionen befinden. Mal hoch oben auf einem

Berg, mal weit unten im Tal, mal in der Bildmitte und mal am Bildrand. Wenn wir für jeden Pixel ein eigenes Neuron in der Eingangsschicht verwenden, müssten die Neuronen für jede Bildposition neu lernen, wie ein Mensch aussieht. Dies erschwert das Training ungemein.

Dieses Problem lässt sich mit *Faltungsnetzen* lösen. Statt jeden Pixel direkt mit einem Neuron zu verbinden, wird in Faltungsnetzen das Eingangsbild mit mehreren sogenannten Filtern *gefaltet.* Was eine Faltung ist, lässt sich gut mit Abb. 21.1 erklären: Einen einzelnen Filter kann man sich ebenfalls gut als Bild mit Helligkeitswerten vorstellen. Er scannt das Bild von links nach rechts und von oben nach unten Schritt für Schritt ab. An jeder Position überdeckt der Filter einen Teil des Bildes. Dort wird für jeden Pixel des Filters der Helligkeitswert des Pixels mit der Helligkeit des darunterliegenden Bildpixels verglichen. Wenn die Helligkeitswerte im Filter gut mit denen an der Stelle im Bild übereinstimmen, ist die Ausgabe der Faltung des Filters mit dieser Stelle des Bilds groß. Passen Filter und Bildteil nicht gut zusammen, ergibt die Faltung einen kleinen Wert. Der Filter überprüft also die Stellen des Bildes darauf, ob sie so wie der Filter aussehen. Um Menschen auf einer Landschaftsaufnahme zu finden, braucht es also einen Filter, der aussieht wie ein Mensch. Diese Werte muss man allerdings nicht per Hand herausfinden: Sie werden ganz ähnlich wie beim Perzeptron-Lernalgorithmus auf Grundlage von Trainingsdaten *gelernt.*

Ganz so einfach ist es aber nicht. Einen „Menschen"-Filter kann man mit Faltungsnetzen nicht sofort finden. Auf den Fotos sehen Menschen zu verschieden aus, um sie mit einem einfachen Filter beschreiben zu können. Deswegen lohnt es sich, in einem Faltungsnetz mehrere Schichten hintereinander zu stapeln – wie auch schon bei

Abb. 21.1 Mit Faltungen können Muster in Bildern gefunden werden. Der Filter wird über alle Positionen des Bildes gelegt. Dort wird dann sein Inhalt mit dem des Bildes verglichen. Für die einzelnen Positionen des Filters wird ein hoher Wert ausgegeben, wenn die Farben übereinstimmen, also grün auf grün oder weiß auf weiß. Passen die Farben nicht, gibt der Filter einen geringen Wert aus (weiß). Je mehr einzelne Werte des Filters zum Bildausschnitt passen, desto ähnlicher ist dieser dem Filter

neuronalen Netzen. Denn nur so lassen sich kompliziertere Muster erkennen. Position für Position entsteht durch die Ausgabe der Filter nämlich ebenfalls ein neues „Bild" – die zweite Schicht des Faltungsnetzes. Ein jeder „Pixel" in der zweiten Schicht gibt an, wie gut der Filter in der ersten Schicht zum Eingangsbild an dieser Position gepasst hat. Auch in der zweiten Schicht gibt es dann wieder Filter, die Pixel dieser Schicht Position für Position abscannen. So kann man das Faltungsnetz beliebig viele Schichten tief gestalten. Zu Beginn des Trainings sind die Helligkeitswerte der Filter zufällig. Durch das Training werden diese auf ähnliche Art wie in Kap. 20 eingestellt, bis schließlich mit ihnen die gewünschten Objekte erkannt werden können. Hierbei passiert Erstaunliches:

Die Filter, deren Formen vom Algorithmus durch das Training gelernt werden, erkennen in den ersten Schichten des Faltungsnetzes Kanten oder rudimentäre Muster. Diese werden in den darauffolgenden Schichten so kombiniert, dass immer mächtigere Filter entstehen, die immer aufwendigere Formen erkennen. In der letzten Schicht besitzt das Faltungsnetz ein so klares „Bild" von den Objekten, dass diese hier direkt erkannt werden können. Mit anderen Worten: Hunde sind dann im Bild, wenn der Hundefilter stark anschlägt.

Auch das zweite entscheidende Problem von neuronalen Netzen zur Bildverarbeitung wird von Faltungsnetzen gelöst. Ein angenehmer Effekt des „Abscannens" ist nämlich, dass die genaue Position der Objekte im Bild nun nicht mehr von entscheidender Bedeutung ist. Da der Filter jede Position im Bild besucht, erreicht er irgendwann das gesuchte Objekt und schlägt dann an. Mit Filtern verschiedener Größe sowie einigen zusätzlichen Kniffen kann man die Faltungsnetze in vielen Formen zusammensetzen. Anschließend können die Gewichte dieser Filter durch das Verarbeiten von Trainingsdaten automatisch eingestellt werden und im Idealfall löst sich ein komplexes Bilderkennungsproblem. Dies ist besonders beeindruckend, da Bilderkennung lange Zeit als eine der schwierigsten Herausforderungen im maschinellen Lernen galt. Warum? Nun, der Mensch kann auf dem Bild nicht nur an verschiedenen Positionen auftreten. Er kann groß oder klein sein, liegen, stehen, springen oder sitzen, von vorne oder von der Seite abgelichtet sein, verschiedenste Kleidung tragen und auch die Beleuchtung des Fotos macht einen großen Unterschied. All das ist für das menschliche Gehirn kein Problem. Doch soll ein Algorithmus all diese verschiedenen Konstellationen als Mensch erkennen, benötigt dieser auch Daten, die diese Konstellationen deutlich und vielfach zeigen. Sind diese jedoch ausreichend und in der nötigen Form vorhanden, so können Faltungsnetze diese erfolgreich (auswendig) lernen.

Tatsächlich ist Bilderkennung mit Faltungsnetzen in der Anwendung jedoch oft unpraktisch. Möchte man Bilder in Klassen einteilen, so brauchen wir zunächst einmal jede Menge Bilder, von denen wir bereits wissen, dass sie die Objekte aus unseren Klassen enthalten. Diese beschrifteten Bilder zu beschaffen, ist ein großer manueller Aufwand: Irgendjemand muss sich die Mühe machen und die Bilder *von Hand* annotieren. Denn auch, wenn das Internet voller Bilder ist, muss der Inhalt genau – sprich von Menschen – überprüft und beschrieben werden. Immerhin kommentieren die meisten Menschen ihre Bilder ja eher mit den Worten „Was für ein schöner Tag!" als mit den Worten „Dieses Bild enthält: Auto, Haus, 4 Menschen".

Faltungsnetze können also kein Wissen aus dem „Nichts" erzeugen. Sie können sich aber aufwendig vorverarbeitetes Wissen merken und dieses dann anwenden. In der Forschung gibt es verglichen mit der „echten" Welt nur einige wenige Standarddatensätze. Denn der Fokus der Wissenschaftlerinnen und Wissenschaftler liegt auf der methodischen Weiterentwicklung und nicht auf dem aufwendigen Annotieren von Datensätzen. Möchte man nun mit Methoden aus dem überwachten Lernen ein Anwendungsproblem lösen, muss man erst einmal Daten annotieren.[1]

Und selbst wenn diese vorhanden sind, ist es oft nicht ganz so einfach. Denn: Für Faltungsnetze existiert eine unglaubliche Vielzahl von Architekturen und ebenso viele Tipps und Tricks dafür, wie man sein Netz am Besten aufbaut, um eine bestimmte Aufgabe erfolgreich zu bewältigen. Ebenso benötigen Faltungsnetze oft Unmengen an Trainingsdaten und leistungsfähige Rechner. Dennoch feiern Faltungsnetze seit etwa 2012 große Erfolge und finden nicht nur in der Bilderkennung, sondern auch in anderen Bereichen, wie zum Beispiel der Spracherkennung, zahlreiche Anwendungen.

„Wieder was gelernt", denkt sich Lisa und freut sich schon auf die potenzielle Fortsetzung ihrer Abenteuerserie in der Welt des maschinellen Lernens. Diesmal insbesondere mit neueren und fortgeschritteneren Methoden des maschinellen Lernens.

---

[1]Genau deswegen findet zurzeit viel Forschung im unüberwachten Lernen statt. Allgemein sind diese Methoden aber nicht so leistungsstark wie ihre überwachten Kollegen.

22

Gradientenabstiegsverfahren
Der steile Weg zu den besten Parametern

Wolfgang Böttcher, Charlotte Bunne und Johannes von Stetten

Lisa ist beeindruckt, welch komplexe Probleme Lernalgorithmen lösen können. Damit die Modelle jedoch spezifische Fragestellungen beantworten und Vorhersagen machen können, müssen die Stellschrauben des Algorithmus justiert werden. Diese werden auch als Parameter bezeichnet. Anhand von Messwerten von Tatzenabdrücken

W. Böttcher (✉)
Karlsruher-Institut für Technologie (KIT),
Karlsruhe, aus Rostock, Deutschland
E-Mail: wboettcher@outlook.de

C. Bunne
ETH Zürich, Zürich, Schweiz

J. von Stetten
TU München, München, Deutschland

© Springer Fachmedien Wiesbaden GmbH, ein Teil von Springer Nature 2019
K. Kersting et al. (Hrsg.), *Wie Maschinen lernen*,
https://doi.org/10.1007/978-3-658-26763-6_22

konnte Lisa so zum Beispiel eine lineare Regression (s. Kap. 8) durchführen und die Gerade finden, die das Verhältnis zwischen Tatzengröße x und dem Gewicht y bestmöglich beschreibt.

Eine Gerade, wie sie bei der linearen Regression zum Einsatz kommt, wird durch zwei Parameter (m, b) vollständig bestimmt. Eine Veranschaulichung davon ist in Abb. 22.1 zu sehen. Der Parameter m gibt hierbei die Steigung der Geraden an, also wie steil diese ist. Der Parameter b bestimmt, auf welcher Höhe die Gerade ist. Man nennt b auch den Achsenabschnitt.

Lisa weiß, dass verschiedene Parameterwerte eines Modells verschiedene Geraden ergeben, die die Datenpunkte unterschiedlich gut beschreiben können. Aber wie findet Lisa die passenden Parameter m und b ihrer Geraden, um die besten Vorhersagen machen zu können?

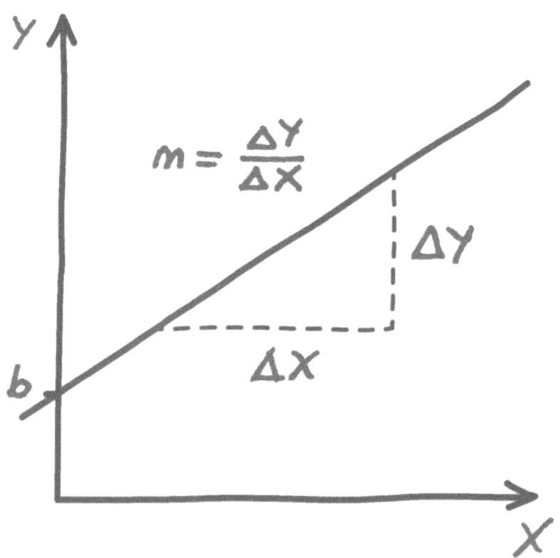

Abb. 22.1   Eine Gerade mit Steigung m und Höhe b

Im Kapitel zur linearen Regression hat Lisa die gemessenen Daten und eine Gerade mit bestimmten Parametern *(m, b)* in ein Koordinatensystem eingetragen. Dann hat sie die vertikalen Abstände der Gerade zu den Datenpunkten zusammengezählt und ist zu einem Gesamtabstand der Gerade zu den Daten gekommen (siehe Abb. 22.2). Die Qualität der gewählten Parameter, das heißt wie gut der Algorithmus in dieser Einstellung die Messwerte beschreibt, kann durch eine Kostenfunktion wie dem Gesamtabstand, beschrieben werden. Dies ist nur ein Beispiel einer Kostenfunktion, es sind auch andere Kostenfunktionen möglich. Wie im Kapitel zur linearen Regression sucht Lisa nun die Parameterkombination *(m, b)*, welche die Gerade mit dem geringsten Gesamtabstand ergibt.

Sie muss also nicht mehr anhand ihres Augenmaßes beurteilen, ob sie eine gute Ausgleichsgerade gezeichnet hat. Stattdessen hat sie ein Maß, das beschreibt, wie gut die Gerade ist. Nun muss sie noch ganz viele Parameter m und b ausprobieren und irgendwann hat sie hoffentlich ein

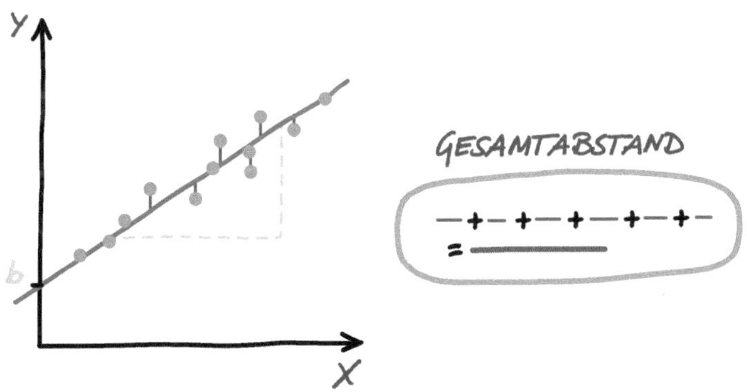

Abb. 22.2 Der Gesamtabstand einer Gerade zu den Datenpunkten

Paar gefunden, bei dem ihre Kostenfunktion den kleinstmöglichen Wert aufweist.

Lisa probiert also für ihr Problem viele verschiedene Werte für m und b aus. Und das braucht ganz schön Zeit! Sie hat schon einige Kombinationen ausprobiert und dennoch immer noch nicht das Gefühl, gute Parameter gefunden zu haben. In einem Augenblick scheint es, als hätte sie ihr Ziel erreicht – nur um später noch bessere zu finden. Lisa ist frustriert. Wenn sie so weitermacht, sitzt sie noch morgen da!

Dann hat sie eine Idee: Um sich gut merken zu können, welche Werte sie schon verwendet hat und wie gut diese waren, zeichnet sie ein Koordinatensystem. Diesmal allerdings ein m-b-Koordinatensystem und nicht ein x-y-Koordinatensystem! Das heißt, dass sie statt einer x-Achse nun die m-Achse mit den Steigungen der Geraden und statt der y-Achse nun die b-Achse mit dem Achsenabschnitten der Geraden zeichnet. Jedes Parameterpaar *(m, b)* ist nun ein Punkt in dem neuen m-b-Koordinatensystem. Für jeden Punkt *(m, b)* ermittelt sie, wie groß der Gesamtabstand der Gerade zu den Daten ist. Danach beschriftet sie den Punkt mit diesem Abstandswert. Für drei Geraden sieht man das als Beispiele in der Abb. 22.3. In Abb. 22.4 trägt sie immer mehr Punkte ein und erhält langsam eine zweidimensionale Karte und damit einen Eindruck, in welchen Regionen gute Werte für m und b liegen könnten.

Dabei kommt ihr ein neuer Gedanke: Sie kann jeden Wert der Kostenfunktion, den sie an einen Punkt in der Karte einträgt, als eine *Höhe* an diesem Punkt interpretieren – wie bei einer Wanderkarte.

Lisa lacht auf. Die Werte der Kostenfunktion im Koordinatensystem erinnern sie an die Höhenkarte, die sie bei ihren Wanderungen im letzten Sommerurlaub in den

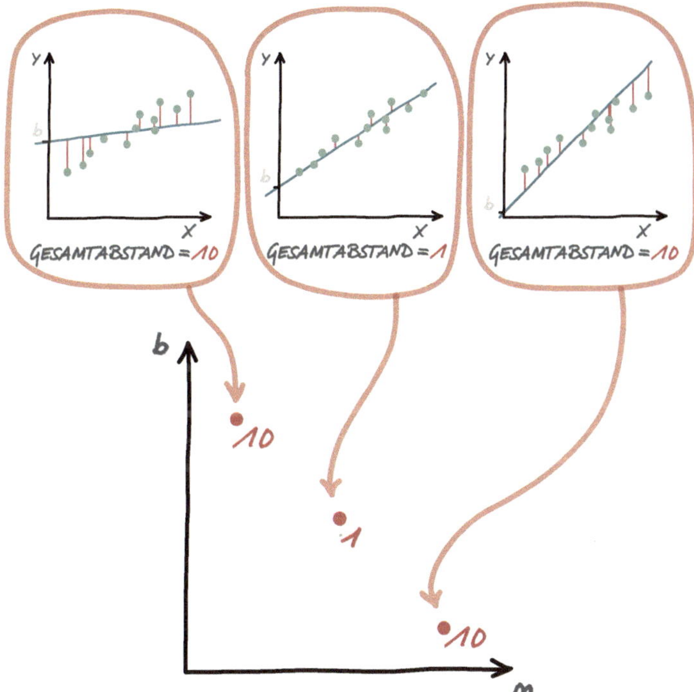

Abb. 22.3 Jede Gerade entspricht einem Punkt im m-b-Koordinatensystem

Bergen genutzt hat: Wie ein Gebirge hat die Kostenfunktion Höhen und Tiefen (siehe Abb. 22.5)! Die optimalen Parameter des Algorithmus sind die, welche den kleinsten Wert der Kostenfunktion besitzen. Nun ist Lisa klar, mit welcher Methode sie Parameter finden kann. Sie muss den tiefsten Punkt im m-b-Koordinatensystem finden. Es stellt sich heraus, dass Lisa ihr Problem schon einmal gelöst hat. Und zwar bei ihrer letzten Wanderung.

Lisa wandert im Gebirge. Es ist nass und kalt und die Böen schlagen ihr ins Gesicht. Außerdem hat sie ihren

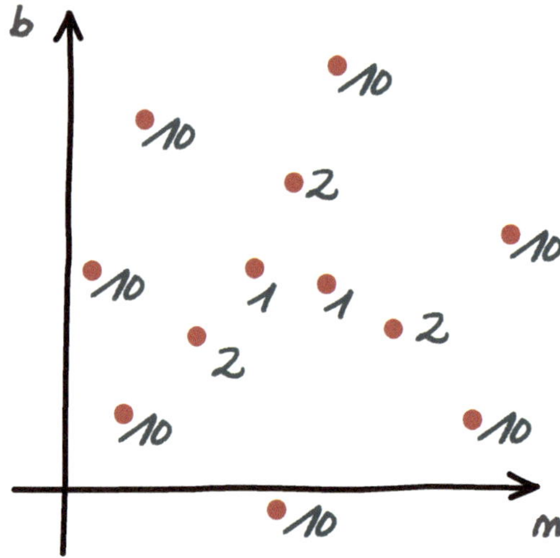

Abb. 22.4 Das m-b-Koordinatensystem für noch mehr mögliche Geraden

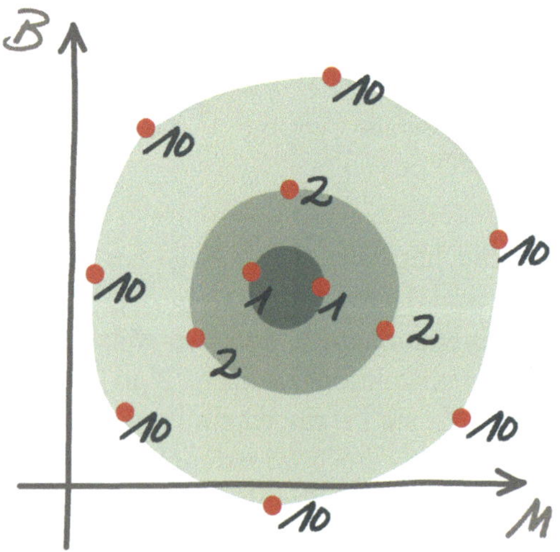

Abb. 22.5 Höhenlinien im m-b-Koordinatensystem. Dunklere Flächen liegen tiefer als hellere

Begleiter Thomas verloren. Sie will weg von hier, an einen Ort, an dem es warm und trocken ist. Und tatsächlich, wenn sie den Blick nach unten richtet, kann sie schon einige Täler ausmachen. Aber es ist sehr neblig. Alle Orte sehen angenehmer aus als derjenige, an dem sie sich gerade aufhält. Lisa erinnert sich, dass im tiefsten Tal die bequemste Herberge ist. Trotzdem ist Lisa sich unsicher. Welches Tal ist denn das Tiefste? Sie muss nur dieses Tal finden, um eine angenehme Übernachtung zu haben. Dieses tiefste Tal entspricht in unserem Beispiel dem Parameterpaar *(m, b)* mit dem niedrigsten Abstandswert – also genau der Geraden, die unsere Datenpunkte optimal beschreibt. Lisas Wanderung durchs Gebirge entspricht einer Bewegung durch das *m-b*-Koordinatensystem.

Aber der Nebel ist so stark, dass Lisa nicht weiß, in welche Richtung sie gehen muss, um im tiefsten Tal anzukommen. Lisa fasst daher einen Entschluss: Sie möchte immer in die Richtung des steilsten Abstiegs gehen, um das tiefste Tal zu finden. Dies ist der Grundgedanke des sogenannten *Gradientenabstiegsverfahrens*. Sie hofft, so am schnellsten ins Tal zu kommen. Nur, in welche Richtung liegt der steilste Abstieg denn nun? Es wird immer nebliger und sie kann kaum noch erkennen, wo die vielversprechenden Täler waren. Schließlich ist es so neblig, dass sie ihre Umgebung nur noch an Ort und Stelle untersuchen kann. Nach etwas Umsehen und Ertasten hat Lisa eine Richtung gefunden, die ihr vielversprechend erscheint. Sie macht ein paar Schritte. Dann prüft sie erneut, in welcher Richtung es am steilsten bergab geht und folgt dieser. Dies wiederholt sie für ihre gesamte Wanderung. Der Weg ist etwas holprig, aber zum Glück kommt sie stetig voran.

Und nach einiger Zeit hört sie auch schon die ersten Kuhglocken und sieht die Lichter des Gasthauses. In der

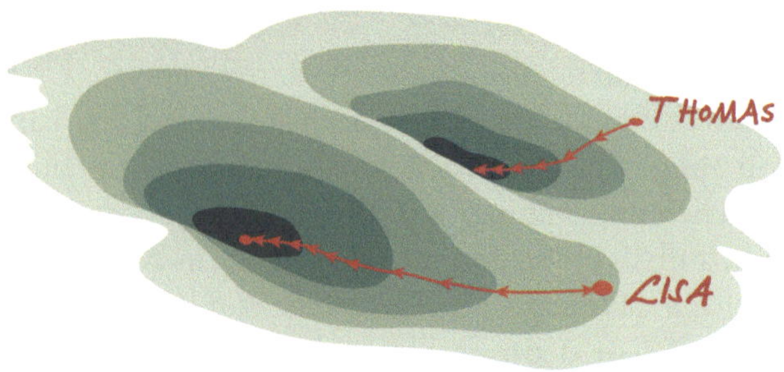

Abb. 22.6 Lisas und Thomas' Pfade im Gebirge

Gaststube angekommen wird sie sogleich angesprochen, dass jemand für sie angerufen habe. Es war Thomas! Als sie ihn zurückruft, stellt sich heraus, dass er dieselbe Strategie angewendet hat. „Aber warum bist du dann nicht auch im tiefsten Tal angekommen, so wie ich?", fragt Lisa verwundert. „Naja ich habe damit an einem anderen Punkt angefangen als du, Lisa. Wenn man die Wanderung an unterschiedlichen Punkten beginnt, kann man in anderen Tälern landen" (wie zum Beispiel in Abb. 22.6).

Dies ist eine der Schwächen des Gradientenabstiegsverfahren. Genauso, wie ein Gebirge viele Täler besitzen kann und man mit Lisas Strategie nicht unmittelbar am tiefsten Punkt der Landschaft landet, so findet das Verfahren auch nicht unbedingt den kleinsten Wert der Kostenfunktion. Insbesondere der Startpunkt der Wanderung, also die Parameter, bei denen wir die Suche beginnen, beeinflusst das Ergebnis dieses Algorithmus. Lisa hat also großes Glück gehabt, in so einem tiefen Tal gelandet zu sein. Jetzt freut sie sich wirklich auf ein paar Käsespätzle und eine Holunderschorle im Gasthaus! Gern erinnert sie sich an den Ausblick auf dem Gipfel über das Nebelmeer (siehe Abb. 22.7).

Abb. 22.7 Lisa blickt vom Gipfel auf das Nebelmeer unter ihr

Durch dieses Erlebnis versteht Lisa, wie sie Schritt für Schritt die optimalen Parameter für einen Algorithmus finden kann. Nach kurzer Suche und ohne viel Ausprobieren bestimmt sie nun die beste Gerade für ihr Problem. Trotz seiner Schwächen ist das Gradientenabstiegsverfahren eine weit verbreitete Methode, um die optimalen Parameter eines Modells zu identifizieren. Sogar für Modelle mit Millionen von Parametern, wie etwa neuronale Netze, kann Gradientenabstieg benutzt werden. Dies ist besonders praktisch, da man bei neuronalen Netzen nicht mehr so einfach „an der Geraden wackeln" kann.

23

No Free Lunch Theorem
Nichts ist umsonst

Maike Elisa Müller

Sonntagmittag, Punkt 12 Uhr. Langschläferin Lisa hat sich gerade erst aus dem Bett gequält, da steht auch schon wieder das allwöchentlich stattfindende Mittagessen in Oma Charlottes Lieblingsrestaurant an. Das besondere an diesem Restaurant: Es gibt immer nur eine kleine Auswahl von fünf Gerichten – diese Woche im Angebot sind Schweinebraten, Rindersteak, Käsespätzle, Seebarsch und Lachsfilet. Die Entscheidung ist schwierig – ist nun der Seebarsch oder das Lachsfilet besser? Oder doch lieber ganz traditionell der Schweinebraten? Und wenn wir die Gerichte mit maschinellen Lernalgorithmen austauschen – ist nun der Entscheidungsbaum oder die k-Nächste-Nachbarn-Methode besser? Oder doch lieber ganz „traditionell"

M. E. Müller (✉)
TU Berlin, Berlin, Deutschland
E-Mail: maikeelisamueller@gmail.com

© Springer Fachmedien Wiesbaden GmbH, ein Teil von Springer Nature 2019
K. Kersting et al. (Hrsg.), *Wie Maschinen lernen,*
https://doi.org/10.1007/978-3-658-26763-6_23

das neuronale Netzwerk? Die Antwort ist einfach: Wir wissen es nicht. Das kommt ganz darauf an, was Menschen für Geschmäcker haben oder – um es wieder ins maschinelle Lernen zu übertragen – welche „Form" die dahinterliegenden Daten besitzen. Zu Menschen (welche hier die *Daten* sind) wie Opa Kristian passt einfach immer der Schweinebraten. Lisa ist Vegetarierin. Die vegetarischen „Lisa"-Daten wird man mit dem Schweinebraten also nicht glücklich machen. Für sie werden vermutlich die Käsespätzle die einzig sinnvolle Option ein. Oma Charlotte ist ein schwieriger Fall. Sie isst jede Woche etwas anderes und lässt sich nicht so einfach einem Gericht zuordnen.

Ähnlich verhält es sich mit Algorithmen des maschinellen Lernens: Man weiß nicht, welcher Algorithmus am besten ist, wenn man keinerlei Annahmen über die zugrundeliegenden Daten macht. Wenn man Annahmen trifft oder Informationen hat, ist dies leicht(er). Besitzen die Daten zum Beispiel offensichtlich einen linearen Zusammenhang, dann ist auch eine lineare Regression die beste Methode, um neue Vorhersagen zu treffen. Oder in Lisas Fall: Wenn sie Vegetarierin ist, dann sollte man ihr einfach die Käsespätzle geben. Und wenn der Zusammenhang komplexer ist und man dies auch vorher schon weiß – dann sollten vermutlich andere Methoden in Betracht gezogen werden. Und welche das sind? Nun gut, das hängt wieder von den Daten ab. Oder können Sie etwa, ohne irgendetwas über Charlotte zu wissen, genau schätzen, was sie sich bestellen wird?

Im Leben gibt es wenig gratis und erst recht kein kostenloses Mittagessen – *No Free Lunch* im Englischen. In diesem Fall bedeutet dies, dass wir nicht wissen, welcher Algorithmus für ein konkretes Problem am besten ist, wenn wir kein Vorwissen über das Problem oder die Daten haben. Diese Aussage wird in der Literatur als *No Free Lunch Theorem* bezeichnet. Der Begriff *Theorem* kommt aus der Mathematik und bezeichnet eine Aussage, die jemand bewiesen hat – von der man also sicher weiß, dass sie richtig ist. Im Fall von Lisas Familienessen wissen wir auch sicher, dass es kein kostenloses Mittagessen gibt. Egal, was letztendlich auf den Tisch kommt, irgendjemand wird die Rechnung bezahlen müssen. Im maschinellen Lernen heißt das: Irgendjemand muss sich die Mühe machen, den richtigen Algorithmus für das gegebene Problem zu finden oder zu entwickeln. Es gibt nicht einen Algorithmus, der immer mehr kann als andere Algorithmen. Diese Aussage wurde bereits 1996 von dem amerikanischen Mathematiker und Informatiker David Wolpert in Bezug auf das maschinelle Lernen bewiesen.[1]

Dementsprechend gibt es aber auch nicht den perfekten Lernalgorithmus, der immer am besten funktioniert. Auch die viel bejubelten neuronalen Netze (siehe Kap. 20) sind nicht immer *die* Lösung aller Probleme. Jedes einzelne Lernproblem muss separat gelöst werden und für jedes Problem gibt es Algorithmen, die manchmal besser und manchmal schlechter funktionicrcn – eben *No Free Lunch.* Außer natürlich man heißt Lisa und geht jeden Sonntag mit Oma und Opa essen. Dann übernehmen die beiden vermutlich die Rechnung.

Was bedeutet dies jetzt für Anwender des maschinellen Lernens? In der Realität ist es oft so, dass man nicht nur einen Algorithmus ausprobiert, sondern mehrere! Eine erfahrene Maschinelles-Lernen-Spezialistin hat dennoch oft eine gute Idee davon, welcher Algorithmus gut funktionieren könnte, da sich einige Algorithmen gut für

---

[1]http://www.no-free-lunch.org/, abgerufen am 21.05.2019.

einige Probleme eignen (z. B. Faltungsnetze in der Bilderkennung). Oft ist es aber so, dass man erst mal ein wenig rumprobieren muss, bis man einen Algorithmus gefunden hat, der ein wenig besser funktioniert als die anderen. Beim überwachten Lernen ist es einfach zu entscheiden, welcher Algorithmus gute Ergebnisse liefert. Beim unüberwachten Lernen ist dies schwieriger, da man ja keine „richtigen" Lösungen hat, sondern erst mal ein wenig interpretieren muss.

Man kann sich das ein wenig vorstellen, wie eine Gruppe von Studierenden, die eine Probeklausur schreibt: Die Studierenden sind die Algorithmen, die Klausuren die Daten. Man weiß nicht von Anfang an, welche Studentin wo am besten abschneiden wird. Hat man nun Musterlösungen für die Klausuren, kann man dies wiederum gut beurteilen. Dass die Mathematikerin aber bei Lisas Biologie-Klausur (hoffentlich!) schlechter abschneiden wird als Lisa, können wir uns auch so denken.

24

Bayesregel
Wie man aus altem Wissen Neues macht

Justin Fehrling und Michael Krause

Wenn Sie mitten in der Einkaufsstraße plötzlich das Brüllen eines Löwen hinter sich vernehmen – laufen Sie dann panisch weg, oder halten Sie es für einen dummen Streich? Und wäre Ihre Reaktion immer noch dieselbe, wenn Sie sich stattdessen in einem südafrikanischen Nationalpark befänden?

Was wir zu wissen glauben, wird oft nicht nur durch Dinge beeinflusst, die wir unmittelbar wahrnehmen oder

J. Fehrling (✉)
TU Braunschweig, Braunschweig, aus Vechelde,
Deutschland
E-Mail: justin.feh@t-online.de

M. Krause
Lemgo, Deutschland

© Springer Fachmedien Wiesbaden GmbH, ein Teil von Springer Nature 2019
K. Kersting et al. (Hrsg.), *Wie Maschinen lernen,*
https://doi.org/10.1007/978-3-658-26763-6_24

überprüfen können. Oftmals haben wir auch vorab schon eine gewisse Erwartungshaltung. Neues Wissen entsteht dann im Austausch von neuen Erfahrungen mit Altbekanntem.

Denken wir an unsere Abenteurerin Lisa zurück, die sich diesmal in den brasilianischen Dschungel aufgemacht hat. Als gut vorbereitete Reisende hat sie sich schon vorher über die dortige Fauna informiert. Lisa hat deshalb schon eine gute Vorstellung davon, welche Tiere im Dschungel wie häufig anzutreffen sind. Die Wahrscheinlichkeiten, die dieses Vorwissen widerspiegeln, nennt man die *A-priori*-Wahrscheinlichkeiten (siehe Abb. 24.1).

Sie kennt sich außerdem ein wenig mit den Rufen aus, welche die verschiedenen Tiere ausstoßen können. Plötzlich hört sie ganz bei sich in der Nähe ein Geräusch, von dem sie schwören könnte, es schon hundertmal gehört zu haben – kein Fauchen eines Panthers, da ist sie sich ziemlich sicher, und auch nicht das Geschrei eines Brüllaffen. Nein, das Geräusch klingt nach dem Gurren einer

Abb. 24.1 Die Größen der farbigen Flächen stehen stellvertretend für die jeweiligen Wahrscheinlichkeiten. Also hat hier die Taube eine kleinere A-priori-Wahrscheinlichkeit als der (Brüll-)Affe, da die rote Fläche kleiner ist als die orangefarbene

langweiligen, europäischen Taube! Hier kommt nun die *Likelihood* ins Spiel (siehe Abb. 24.2) – die genaue Begriffsklärung folgt gleich.

Würde Lisa nun damit rechnen, gleich einer gewöhnlichen Taube zu begegnen? Sicher nicht. Schlau wie sie ist, nimmt sie nun alle ihr vorliegenden Informationen zusammen: Auch wenn das Geräusch fast genau nach einer Taube klingt, schließt sie aus, dass es sich tatsächlich um eine solche handelt: Diese Spezies kommt im Dschungel so gut wie gar nicht vor. Brüllaffen sind zwar sehr häufig, aber solche Rufe erzeugen sie eher nicht. Deshalb geht Lisa auch nicht davon aus, einen Brüllaffen anzutreffen. Hingegen kennt sie eine bestimmte Papageienart, die zwar im Dschungel nicht allzu häufig ist und auch lieber schnattert als gurrt, aber unter Kombination beider Informationen scheint es am wahrscheinlichsten zu sein, dass das Geräusch von einem Papagei eben jener Art stammt (siehe Abb. 24.3).

Abb. 24.2 Die Likelihood ist wie eine Lupe, mit der wir uns einen bestimmten Ausschnitt der A-Priori-Wahrscheinlichkeiten anschauen – je nachdem für wie wahrscheinlich wir eine bestimmte Beobachtung halten

In der Geschichte hat Lisa sehr ähnlich gehandelt, wie wir es zu Beginn beschrieben haben: Sie hat ihr Vorwissen mit ihren Beobachtungen verknüpft und auf Grund beidem entschieden, was sie insgesamt für am wahrscheinlichsten hält. In der Mathematik wird dieses Vorwissen auch als *A-Priori-Wahrscheinlichkeiten* (lat. *prior:* vorher) bezeichnet. In dieser Geschichte waren das die bekannten Häufigkeiten der unterschiedlichen Tierspezies im Dschungel. Die Wahrscheinlichkeit, mit der ein Geräusch von einem bestimmten Tier erzeugt wird, bezeichnet man auch als Likelihood (engl. *likelihood:* Plausibilität) eines Tieres für ein Geräusch. Kombiniert man A-Priori-Wahrscheinlichkeit und Likelihood, ergibt sich die sogenannte *A-Posteriori-Wahrscheinlichkeit* (lat. *posterior:* nachher). Das ist genau die Wahrscheinlichkeit, welche Lisa letztendlich

Abb. 24.3 Die A-Posteriori-Wahrscheinlichkeit ist letztlich ein Produkt aus A-Priori-Wahrscheinlichkeit und Likelihood. Sie ist der Ausschnitt, den wir mit der Likelihood-Lupe aus den A-Priori Wahrscheinlichkeiten ziehen. Hier ist nun der Papagei wahrscheinlicher als der Brüllaffe

interessiert: Nämlich um welches Tier es sich bei einem Geräusch handelt. Anschaulich gesprochen: Die Wahrscheinlichkeit, dass das mysteriöse Geräusch von einem Brüllaffen erzeugt wurde, ist die Wahrscheinlichkeit einen Brüllaffen im Dschungel anzutreffen, kombiniert mit der Wahrscheinlichkeit, dass ein Brüllaffe so ein Geräusch ausstößt. Mehr dazu im Infokasten zur Bayesregel.

Die Abhängigkeit, in der diese Wahrscheinlichkeiten zueinander stehen, werden mathematisch durch die Bayesregel beschrieben, benannt nach ihrem Erfinder Thomas Bayes (1702–1761). Dessen Gedanken waren so einflussreich, dass man heute auch von „bayesianischem Schlussfolgern" spricht. Lisa hat also in der Geschichte – bewusst oder unbewusst – ganz nach den Prinzipien von Thomas Bayes gehandelt.

Bayesregel

In mathematischer Schreibweise sieht die Bayesregel so aus:

$$P(X|Y) = \frac{P(X) \times P(Y|X)}{P(Y)}$$

Diese Formel beschreibt genau den Zusammenhang, den Lisa in der Geschichte ausgenutzt hat! Folgendermaßen kann man sie lesen: Bei den Ausdrücken, die mit P beginnen, handelt es sich um Wahrscheinlichkeiten. Schreiben wir $P(X)$, dann ist damit die A-Priori-Wahrscheinlichkeit von X gemeint. Hier ist X eine Variable, d. h. X kann unterschiedliche Werte annehmen. In der Geschichte gaben die A-Priori-Wahrscheinlichkeiten Lisas Erwartungshaltung darüber an, wie häufig das Tier im Dschungel auftritt. Hier steht die Variable X demnach für verschiedene Tiere. Also ist $P(X=\text{Brüllaffe})$ die Wahrscheinlichkeit, dass man einen Brüllaffen im Dschungel antrifft.

In der Formel tauchen auch die Ausdrücke $P(X|Y)$ und $P(Y|X)$ auf. Hierbei handelt es sich um sogenannte bedingte Wahrscheinlichkeiten. $P(X|Y)$ gibt nämlich die Wahrscheinlichkeit für X an, wenn bereits Y eingetreten ist (genau andersherum bei *P(Y|X)*). Die Variable Y steht in der Geschichte für verschiedene Geräusche. *P(Y|X)* ist die im Text beschriebene Likelihood, also die Wahrscheinlichkeit, dass Geräusch Y zu hören, wenn man das Tier X als Geräuschquelle annimmt. *P(X|Y)* ist die gesuchte A-Posteriori-Wahrscheinlichkeit: die Wahrscheinlichkeit, das Tier Y anzutreffen, wenn man das Geräusch X gehört hat. Schließlich steht noch ein Wert *P(Y)* unter dem Bruchstrich, der dafür sorgt, dass sich die A-Posteriori-Wahrscheinlichkeiten für verschiedene X zu 1, bzw. 100 %, aufsummieren. Schließlich möchten wir, dass die Wahrscheinlichkeit, dass irgendein Tier X dieses Geräusch erzeugt hat, bei 100 % liegt.

Die Aussage der Formel wäre also: Die Wahrscheinlichkeit, dass X für ein gegebenes Y eintritt, ist die A-Priori-Wahrscheinlichkeit für X mal die Likelihood von X, wenn man von Y ausgeht. In unserem Beispiel bedeutete das: Die Wahrscheinlichkeit, dass es sich um das Tier X handelt, nachdem das Geräusch Y vernommen wurde, ist das Hintergrundwissen über die Häufigkeit der Spezies X mal die Wahrscheinlichkeit, dass das Tier X das Geräusch Y von sich gibt.

Bei einer einzelnen Beobachtung (wie einem einzelnen Geräusch) ist uns nun klar, was mit der Likelihood in der Bayesregel gemeint ist. Wie sieht es aber aus, wenn Lisa darüber hinaus viele weitere Beobachtungen macht? Vielleicht findet sie zusätzlich zu dem Geräusch noch Abdrücke auf dem Boden, Fell oder Federn. Vielleicht passen die Federn und das Geräusch zu der Papageienart, die Abdrücke aber nicht? Wie muss sie die einzelnen Likelihoods ihrer Beobachtungen kombinieren?

Eine häufig genutzter und simpler Ansatz, der sich dieser Problemstellung annimmt, ist der *Naive-Bayes-Klassifizierer.*

Lisa hat sich dazu entschieden, nach ihrem Aufenthalt im Dschungel noch ein paar weitere Tage in einer Hotelanlage zu verbringen. Kaum dort angekommen, klappt sie ihren Laptop auf und verbindet sich mit dem Internet. Sie öffnet ihr E-Mail Programm und stellt fest: „Na toll, wieder Spam-Mails ohne Ende…" Irgendwie scheint ihr Spam-Filter nicht ganz so zu funktionieren wie er soll. Sie greift zum Telefon und wählt die Nummer der angegebenen Hotline. Sie möchte herausfinden, was hinter diesen Filtern steckt und warum sie anscheinend bei ihren E-Mails scheitern.

Sie wird mit dem Techniker Christian verbunden, der ihr Folgendes erklärt:

„Ihr Spam-Filter funktioniert nach der sogenannten Bayesregel: Ob eine E-Mail unerwünscht ist oder nicht, können wir von den Worten abhängig machen, die darin vorkommen. So gibt es Worte, die mit größerer Wahrscheinlichkeit in Spam-Mails auftauchen als in normalen E-Mails, wie zum Beispiel ‚Werbung'. Gleichzeitig gibt es Worte, die häufiger in normalen E-Mails verwendet werden, beispielsweise ‚Verabredung'."

Lisa bedankt sich und schaut im Internet nach weiteren Informationen.

Die Likelihoods für den Spam-Filter werden aus Trainingsdaten, also einer großen Menge an E-Mails, abgeschätzt. Für sie wird geschaut, wie viele der Spam-Mails ein spezifisches Wort enthalten, und diese Zahl wird mit der Anzahl aller Spam-Mails in Relation gesetzt. Das ganze wird für Spam-Mails sowie normale Mails durchgeführt.

Durch Markieren der Mails als Spam lernt der Filter darüber hinaus immer weiter, welche Worte eher welchen Mails zugeordnet werden. Eine Mail besteht allerdings aus mehreren Worten. Um eine neue und unbekannte E-Mail (siehe Abb. 24.4) zu klassifizieren, werden die Likelihoods ihrer Wörter miteinander multipliziert (siehe Abb. 24.5). Das Ergebnis wird wie zuvor mit den A-Priori-Wahrscheinlichkeiten kombiniert, die angeben, mit welcher

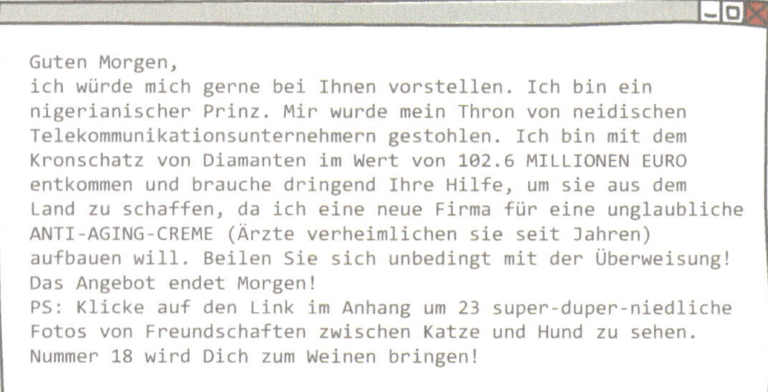

Abb. 24.4   Beispiel für eine typische Spam-Mail

Wahrscheinlichkeit eine beliebige E-Mail eine Spam-Mail ist oder nicht. Um diese zu messen kann einfach die relative Häufigkeit von Spam-Mails in den Trainingsdaten hinzugezogen werden (siehe Abb. 24.6).

Das Ergebnis ist die A-Posteriori-Wahrscheinlichkeit. Man erhält dafür, abhängig von den Likelihoods und den A-Priori-Wahrscheinlichkeiten, zwei Ergebnisse: Zunächst nimmt man an, die Mail sei tatsächlich Spam, multipliziert die entsprechenden Likelihoods ihrer Wörter auf und schließlich noch die A-Priori-Wahrscheinlichkeit für Spam dazu. Dann berechnet man dasselbe unter der Annahme,

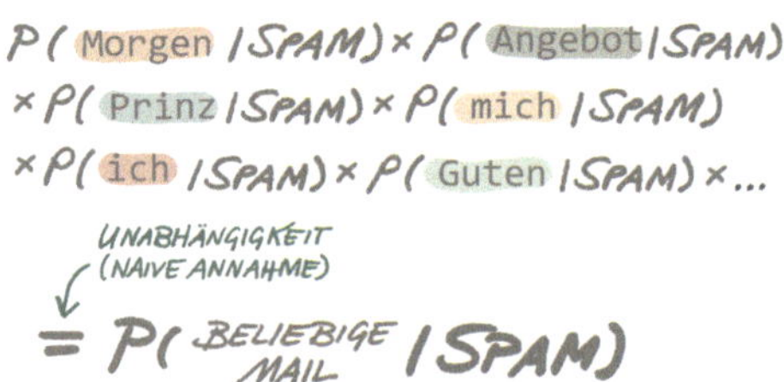

Abb. 24.5 Im Naive-Bayes Spam-Filter werden Wörter als unabhängig betrachtet. Eine ganze Mail kann man so in ihre Wörter zerlegen, um deren Likelihoods zu kombinieren

Abb. 24.6 Beispiel für die relativen Häufigkeiten von Spam und Nicht-Spam-Mails in einer Menge von Trainingsdaten (hier: zehn Mails, drei davon Spam)

die Mail sei kein Spam. Der Klassifizierer entscheidet dann einfach danach, welche der beiden A-Posteriori-Wahrscheinlichkeiten höher ist.

Dieser sogenannte Naive-Bayes-Klassifizierer besitzt allerdings einen erheblichen Nachteil: Er macht die „naive" Annahme (daher der Name), die Wörter in einer E-Mail seien voneinander unabhängig. Das geschieht implizit in dem Schritt, in dem die Likelihoods aufmultipliziert werden. Diese Annahme kann aber mitunter falsch sein. Schauen wir uns dafür den folgenden Satz an: „Das ist Werbung". Unser Klassifizierer klassifiziert die Nachricht wahrscheinlich als Spam. Das liegt hauptsächlich an dem Wort „Werbung", welches unser Filter früher deutlich häufiger in Spam-Mails beobachtet hat als in normalen E-Mails. Schauen wir uns nun einen ähnlichen Satz an: „Ihr Briefkasten quillt über vor Werbung, soll die weg? Grüße, Hausmeister". Wieder macht unser Klassifizierer die Annahme, dass alle Worte unabhängig voneinander sind. Wir können wohl annehmen, dass die meisten Worte der Mail gleichermaßen in Spam-Mails und in normalen

E-Mails vorkommen. Aufgrund des Wortes „Werbung" wird die Nachricht aber genau wie die erste als Spam klassifiziert, und das obwohl sie inhaltlich das genaue Gegenteil aussagt! Der Zusammenhang, in dem sich das Wort „Werbung" befindet, wird hier von dem Klassifizierer nicht berücksichtigt.

Der Naive-Bayes-Klassifizierer ist also nur geeignet für Beobachtungen, die nicht miteinander korrelieren, deren Abhängigkeiten untereinander also gering sind. Bei Wörtern in einem Text trifft dies aber nicht immer zu: Diese können stark von den vorhergehenden und nachfolgenden Wörtern abhängen.

Lisa öffnet erneut ihr Mailprogramm und markiert alle unerwünschten Mails als Spam.

Am Ende ihres Urlaubes schaut sie noch einmal in ihre Nachrichten und stellt erfreut fest, dass sich die Anzahl an erhaltenen Spam-Mails erheblich verringert hat. Ein paar sind allerdings trotzdem noch durchgerutscht.

Spam-Filter mit Schreibweise überlisten

Auch kann im Beispiel der Spam-Filter durch andere Schreibweisen der Worte wie „Werbunq" oder „DiscOunt" verhältnismäßig leicht überlistet werden: Wenn diese Falschschreibungen in den Trainingsdaten nicht auftauchen, kann der Naive-Bayes-Klassifizierer sie nicht als verdächtig für Spam-Mails erkennen.

Insgesamt haben wir mit der Bayesregel eine intuitive Methode kennen gelernt, aus altem Wissen und neuen Erfahrungen Schlüsse zu ziehen. In der Praxis findet die Regel zum Beispiel im Naive-Bayes-Klassifizierer Gebrauch, mit dem man Spam erkennen kann.

25

Generative gegnerische Netzwerke

GANz fälschend echte Untertitel

Jannik Kossen und Maike Elisa Müller

Es ist Montagabend. Lisa und Max sitzen auf der Couch und schauen sich eine ihrer Lieblingssendungen an. Darin versuchen Menschen ihre alten Schätze, die sie im Keller oder auf dem Dachboden ausgegraben haben, Händlern für viel Geld zu verkaufen. Die Händler untersuchen dafür die mitgebrachten Gegenstände sorgfältig. Dann überlegen sie sich, ob diese echt sind und bieten letztendlich Geld dafür, falls sie glauben, dass es sich um wirkliche Schätze handelt.

„Ey, Lisa, ich hab voll die gute Idee", kommentiert Lisas Mitbewohner Max von der Seite. „Diese Experten

J. Kossen (✉)
Universität Heidelberg, Heidelberg, aus Darmstadt, Deutschland
E-Mail: jannik.kossen@gmail.com

M. E. Müller
TU Berlin, Berlin, Deutschland

© Springer Fachmedien Wiesbaden GmbH, ein Teil von Springer Nature 2019
K. Kersting et al. (Hrsg.), *Wie Maschinen lernen,*
https://doi.org/10.1007/978-3-658-26763-6_25

schauen sich die Teile doch gar nicht so genau an. Und ob die wirklich so viel Ahnung haben? Was hältst du davon, wenn wir selber ein paar Bilder malen und sie den Händlern als Antiquitäten aus dem 19. Jahrhundert verkaufen? Von dem Geld könnten wir es bei der nächsten WG-Party so richtig krachen lassen." Lisa ist noch nicht überzeugt: „Die merken doch sicherlich, welche Bilder Fälschungen sind. So leicht werden sie sich nicht hereinlegen lassen." „Kein Problem", entgegnet Max verschmitzt. „Wir probieren es einfach immer wieder. Jedes Mal, wenn die Experten ein Bild als Fälschung erkennen, finden wir heraus warum, und malen einfach ein neues, besseres. Und zwar so lange, bis uns die Händler unsere Bilder abkaufen!" „Aha", antwortet Lisa. „Und du glaubst, dass deine Fälschungen so gut werden, dass diese als echte Gemälde durchgehen? Überzeugt bin ich nicht, aber wenn das bedeutet, dass ich bei der nächsten Party endlich mal gutes Bier trinken kann…"

Die Idee von Lisas Mitbewohner Max folgt dem gleichen Prinzip, welches auch hinter sogenannten *GANs* steckt. GAN steht für *Generative Adversarial Networks* und lässt sich als *Generative Gegnerische Netzwerke* übersetzen. Die Idee hinter GANs ist außergewöhnlich, die Resultate beeindruckend und der Hype um sie groß: Zwei neuronale Netzwerke trainieren sich gegenseitig – oder, sie treten gegeneinander an – und werden dabei immer besser.

Die Netzwerke nehmen unterschiedliche Rollen im Lernprozess ein. Das eine Netzwerk ist der sogenannte Diskriminator, das andere der Generator. Die Aufgabe des Diskriminators ist es, echte Daten von Fälschungen zu unterscheiden. In unserem Beispiel sind die Händler die Diskriminatoren. Der Generator erzeugt wiederum Fälschungen, die den Diskriminator überlisten sollen. Hier ist Max der Generator. Diese Abläufe zeigt auch

Abb. 25.1. In unserer Geschichte handelt es sich bei allen Daten um Bilder – manche davon Kunstwerke, andere nur Fälschungen.

Im GAN-Algorithmus läuft das Training wie ein Wettbewerb zwischen Diskriminator (Händler) und Generator (Max) ab. Aus der Sicht des Diskriminators sieht das wie folgt aus: In jeder Trainingsrunde bekommt

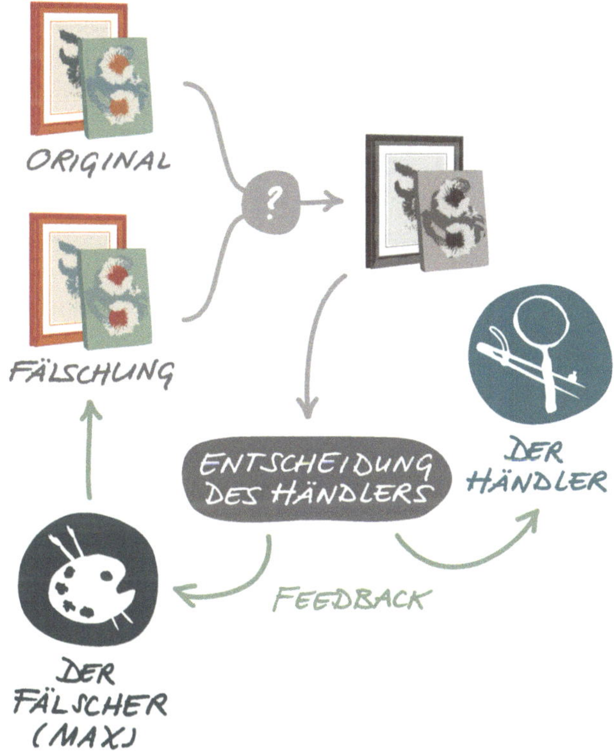

Abb. 25.1 So läuft das Training des GANs ab: Der Generator erzeugt Fälschungen. Der Diskriminator muss entscheiden, ob er gerade eine Fälschung oder ein Original sieht. Beide erhalten nach jeder Runde Feedback darüber, ob und warum sie erfolgreich oder nicht erfolgreich waren

der Diskriminator ein Bild gezeigt – manchmal ein echtes Kunstwerk, manchmal eine Fälschung. Er muss nun einschätzen, ob es sich bei diesem Bild um ein echtes Kunstwerk oder eine vom Generator erzeugte Fälschung handelt. Nach seiner Einschätzung bekommt er sofort Feedback darüber, ob seine Einschätzung richtig oder falsch war. Anhand des Feedbacks wird der Diskriminator nun besser darin, echte Bilder von Fälschungen zu unterscheiden.

Aus Sicht des Generators passiert Folgendes: Er ist dafür zuständig, die Fälschungen für den Diskriminator zu erzeugen. Bildpunkt für Bildpunkt erhält er eine Rückmeldung darüber, wo er den Diskriminator überlisten konnte oder eben auch, wo er gescheitert ist. Daran lernt der Generator, immer bessere Bilder zu erzeugen. Der Diskriminator übernimmt hier also so gut er kann die „Überwachung" des Generators.

Wenn alles funktioniert, schaukeln sich Generator und Diskriminator gegenseitig hoch, erzeugen immer bessere Fälschungen und werden immer besser dabei, diese zu erkennen. Sie treten nicht nur gegeneinander an, nein, man könnte auch sagen, dass sie voneinander lernen. Der Trainingsprozess ist beendet, wenn der Generator perfekte Fälschungen erzeugt, und der Diskriminator nur noch raten kann, welche Bilder nun echt und welche gefälscht sind.

Der Generator lernt ein sogenanntes generatives, der Diskriminator ein sogenanntes diskriminatives Modell. Wo genau liegt nun der Unterschied zwischen generativen und diskriminativen Modellen? Viele der Modelle, die Lisa bisher gesehen hat, waren diskriminativ. Erinnern wir uns an das Einführungsbeispiel zur Klassifikation, als Lisa Tische und Stühle voneinander unterscheiden wollte. Hierbei hat sie sich Merkmale der einzelnen Gegenstände angeschaut und ihre Algorithmen entscheiden lassen, ob es sich um Tische oder Stühle handelt. Die Eigenschaften waren also gegeben und Ziel war es, zwischen den möglichen Klassen zu unterscheiden, zu diskriminieren.

Generative Modelle drehen den Spieß nun um: Hier wird nicht mehr nur von Merkmalen, wie zum Beispiel einer Beinlänge von 40 cm, auf eine Klasse, wie beispielsweise Tisch, geschlossen, sondern das Ziel ist ein gutes Verständnis der Daten, also der Merkmale selbst. Die möglichen Anwendungsbereiche generativer Modelle sind damit deutlich vielfältiger: Sie können *generativ* tätig werden, also realistische Kombinationen von Merkmalen erzeugen. Ein generatives Modell könnte zum Beispiel realistische Kombinationen aus Auflagefläche und Beinlängen für Stühle wie in Kap. 13 erzeugen, aber auch täuschend echte Bilder, oder Text und Audio.

Wie Lisa bereits im Kap. 21 zu Faltungsnetzen (CNNs) gelernt hat, sind diese die erste Wahl zur Klassifikation von Bildern. Und auch bei GANs werden in der Regel CNNs eingesetzt. Unser Beispiel mit der Kunstfälschung ist dabei recht wörtlich zu nehmen, denn GANs werden gerne für das Generieren fotorealistisch aussehender Bilder, Porträts oder sogar abstrakter Gemälde verwendet. Viele Experten des maschinellen Lernens waren beeindruckt von der Qualität der vom Generator erzeugten, täuschend echten Bilder.

Inzwischen sind einige Wochen vergangen. Max war schon mehrere Male bei den Machern von Lisas Lieblingssendung vor Ort und hat versucht, die selbst erstellten Kunstwerke zu verkaufen. Die Bilder sehen zwar schon sehr gut aus, aber so richtig erfolgreich war er bisher noch mit keiner seiner Fälschungen.

Der Weg zur perfekten Fälschung ist also lang, jedes Mal neue Bilder zu erstellen ist aufwendig und bei den Händlern vorbeizufahren, raubt ganz schön viel Zeit!.

Während Max mit seinem Fahrrad auf der Schulter die Wohnungstür öffnet, begrüßt Lisa ihn und fragt, wie es diesmal lief. „Weißt du", antwortet er ihr, „vielleicht lassen wir das mit dem besseren Bier einfach."

Aber Max will sich doch nicht so leicht geschlagen geben und beschließt, weiter an neuen Gemäldefälschungen zu arbeiten. Und tatsächlich: nach ewiger Zeit gelingt es ihm, die Händler doch noch erfolgreich zu täuschen. Er kann sein Glück kaum fassen, schmeißt von dem Geld die versprochene WG-Party und will sofort die nächste Fälschung an die Händler verkaufen. Doch das Bild wird sogleich von den Händlern enttarnt. Wieso denn das? Max dachte, er hätte das Rezept für die ultimative Fälschung geknackt und träumte schon von ewigem Reichtum. Doch inzwischen kennen die Händler den Stil von Max Fälschungen. Möchte Max ihnen erneut eine Fälschung unterjubeln, so muss er sich anstrengen und sich etwas Neues einfallen lassen.

Kausales und Anti-Kausales Lernen

Eng verknüpft mit der Unterscheidung zwischen diskriminativen und generativen Modellen ist die Frage nach *kausalem* und *anti-kausalem* Lernen: Viele Prozesse in der Natur, die heute Gegenstand von Datenanalysen im maschinellen Lernen sind, haben eine deutlich festgelegte kausale Richtung. So entstehen etwa Bilder durch eine Verkettung vieler kausaler Prozesse: Die Tatsache, dass ein bestimmtes Objekt zu sehen ist, bestimmt in Zusammenwirkung mit Lichteinfall, Umgebung, Position von Auge oder Kamera und vielen weiteren Faktoren, was letztlich wahrgenommen wird. Viele diskriminative Modelle im maschinellen Lernen versuchen, rückwärts durch diese Kausalkette zu laufen (also anti-kausal), und zum Beispiel auf einem Bild ein Objekt (z. B. einen Menschen) zu erkennen, oder

aus einem Audiosignal das ursprünglich Gesagte zu extrahieren.

Mit generativen Modellen wie auch GANs hingegen ist
es möglich, auch die oftmals deutlich komplexere kausale
Richtung zu modellieren, und wie Max in diesem Kapitel
aus einer Idee (dem Bildinhalt) ein Bild zu erstellen.

26

Verstärkendes Lernen
Mit Lob und Tadel zu klugen Computern

Thomas Herrmann und Lars Frederik Peiss

Lisa kann das Buch zur Haustier-Zoologie einfach nicht mehr weglegen: „Seit zehntausenden Jahren ist der Hund der treueste Begleiter des Menschen." Inspiriert davon denkt Lisa darüber nach, wie sich ein Hundewelpe eigentlich zum wohlerzogenen Haustier entwickelt. Sie kommt zu dem Schluss, dass das jeweilige Frauchen oder Herrchen auf Belohnung und Bestrafung zurückgreift, um den Hund zu einem gewünschten Verhalten zu erziehen. Belohnungen in Form von Leckerli verstärken *positives Verhalten*. Ausbleibende Belohnungen oder Schimpfen bestrafen hingegen *negatives Verhalten.* In der Zähmung

T. Herrmann (✉)
TU München, Garching, Deutschland
E-Mail: thomas.herrmann@tum.de

L. F. Peiss
TU Braunschweig, Braunschweig, aus Wolfsburg, Deutschland

© Springer Fachmedien Wiesbaden GmbH, ein Teil von Springer Nature 2019
K. Kersting et al. (Hrsg.), *Wie Maschinen lernen,*
https://doi.org/10.1007/978-3-658-26763-6_26

vom Wolf zum Haustier hat der Hund ein Gespür dafür entwickelt, diese Signale seines menschlichen Rudelchefs zu deuten und ihnen bestmöglich nachzukommen. Über sein Leben wird jedes Tier also dasjenige Verhalten erlernen, das individuell zur größtmöglichen Belohnung und geringstmöglichen Bestrafung führt. Diesen von Psychologen entdeckten Prozess nennt man auch *verstärkendes Lernen* (engl. *reinforcement learning*).

Lisa erinnert sich, dass diese Form der Erziehung auch auf die scheinbar willen- und antriebslosen Computer übertragen werden kann. 2017 hat Googles Computerprogramm *AlphaGo* es weltweit in die Schlagzeilen geschafft, da es einen (menschlichen) Großmeister im Brettspiel Go schlagen konnte.[1] *AlphaGo* und insbesondere dessen Nachfolger, *AlphaZero,* hat dazu unter anderem das verstärkende Lernen als einen wichtigen Baustein eingesetzt. Dieser Erfolg ist besonders bedeutend, da Go für den Algorithmus deutlich komplexer als Schach zu lernen ist, da es viel mehr mögliche Spielkonstellationen gibt. Außerdem war vor der Entwicklung von *AlphaGo* unter Experten unklar, ob ein Computer dieses komplexe Spiel je meistern könnte.

Doch zurück zu Lisa. Nachdem sie vor kurzer Zeit den Hundewelpen Ina geschenkt bekommen hatte, begann sie, Ina ein wenig zu erziehen. Lisa hat es geschafft, Ina so zu dressieren, dass sie ihren Hundekorb verlässt und sich unter die Garderobe an der Tür legt, sobald Lisa ihr „Gassi!" zuruft. Doch das hat Lisa lange mit Ina üben müssen. Immer wenn sich Lisa im Schlafzimmer zum Spazierengehen fertig machte, rief sie Ina beherzt „Gassi!"

---

[1]https://www.zeit.de/2017/43/alphago-kuenstliche-intelligenz-spiel, aufgerufen am 13.04.2019.

zu (siehe Abb. 26.1). Als junger, neugieriger Hundewelpe sprang Ina daraufhin stets freudig von ihrem Hundekorb auf, um zu ihrem Frauchen zu laufen. Leider war das nicht die Aktion, die Lisa damit bewirken wollte. Denn Ina sollte doch vor der Haustür auf sie warten und die Hundeleine unter der Garderobe ins Maul nehmen. Sie schickte Ina also energisch zurück zum Hundekorb und unternahm mehrere weitere Versuche des Rufens, um Ina zu trainieren. Doch Ina verhielt sich immer ähnlich und kam direkt auf Lisa zu. Nur ihre Euphorie, mit der Ina anfangs noch auf „Gassi!" reagierte, ließ allmählich nach.

Sie wurde ja auch immer angeschimpft, sobald sie sich auf den Weg zu ihrem Frauchen machte (siehe Abb. 26.2). Infolge dieser stark negativen Belohnungen bzw. Bestrafungen schien Ina keinen Wert mehr darin zu sehen, loszuspurten, wenn sie schön im Körbchen liegt und Frauchen „Gassi!" ruft. Im verstärkenden Lernen bezeichnet man diese Ausprägung des Handlungswillens als *Wertefunktion*. Sie wird durch Belohnung und Bestrafung von

Abb. 26.1 Anfänglicher Zustand: Die Akteurin Ina befindet sich in der Umgebung des „Gassi!"-Aufrufs

Abb. 26.2 Ina hat die Aktion „Zu Lisa" ausprobiert und wurde mit Schimpfen bestraft. Beim nächsten „Gassi!"-Aufruf wird ihre Motivation für diese Aktion sinken

Aktionen (hier Inas Reaktion auf das „Gassi!") gelernt und trainiert.

Letztendlich erhob sich Ina nach den Zurufen zwar noch, trottete aber entnervt in eine zufällige Richtung davon. Aus der Sicht des verstärkenden Lernens passte die Akteurin Ina damit schon ihre Handlungsstrategie ein wenig an. Ina hätte weiterhin bekannte Handlungen ausprobieren können, die ihr in der Vergangenheit in ähnlichen Situationen Belohnungen einbrachten. Stattdessen hat sie aus instinktiver Neugierde und der Hoffnung, möglicherweise neue Belohnungen zu finden, die Umwelt erkundet. Das Abwägen zwischen *Erkunden und Ausschöpfen* ist in der Fachsprache weithin als *Exploration-Exploitation Dilemma* bekannt. Dabei handelt es sich um ein zentrales Konzept für alle Algorithmen, die in einer teilweise unbekannten Umwelt versuchen, irgendein vorher definiertes Ziel zu erreichen bzw. diesem möglichst nahe zu kommen.

Und genau das Erkunden verhilft Ina schließlich zum Durchbruch: Als sie an der Garderobe vorbeischlurft, belohnt Lisa sie auf einmal mit einem gut versteckten Leckerli, welches Ina daraufhin genüsslich zerkaut (siehe Abb. 26.3). Ina hat endlich das richtige Ziel für das Gassigehen angesteuert. Sollte sie angesichts dieser großen Belohnung beim nächsten Mal vielleicht mit der Garderobe ähnlich verfahren? Auch Lisa freut sich über das gewollte Verhalten ihrer Hündin und beginnt gut gelaunt einen Spaziergang mit ihr. Denn für heute hat Ina wirklich genug richtig gemacht.

Nach mehreren weiteren Spaziergängen klappt vieles schon wie von Lisa gewünscht. Auf den Zuruf „Gassi!" läuft Ina zur Garderobe, findet ihr Leckerli und wartet dort auf ihr Frauchen. Diese wiederholten Belohnungen für Inas neue Aktion haben ihre Wertefunktion aus Sicht des verstärkenden Lernens nachhaltig verändert. Ihre Handlungsstrategie beinhaltet die Garderobe nun als primäres Ziel nach einem „Gassi!". Es fehlt aus Lisas Sicht nur noch Inas Verständnis für die Hundeleine.

Abb. 26.3 Ina hat durch Neugierde nun die Aktion „Zur Tür" ausprobiert und wurde mit einem Leckerli belohnt. Dies wird ihr in Erinnerung bleiben

In einem nächsten Schritt versteckt Lisa daher ein weiteres Leckerli unter der Hundeleine, die nahe der Garderobe am Boden liegt. Als Ina ein weiteres Mal an der Garderobe auf ihr Frauchen wartet, führt sie ihr scharfer Geruchssinn zu dieser zweiten Belohnung, wenn sie ihre

Hundeleine aufnimmt. Verstärkt durch viele Belohnungen lernt Ina mit der Zeit, dass die Kette der Aktionen *zur Tür* und *Hundeleine* zu dem Zustand *Gassi* führen.

Lisa rekapituliert, wie Inas Fortschritte zu ihren anderen Erfahrungen mit künstlicher Intelligenz stehen. Das verstärkende Lernen modelliert grundsätzlich einen Lernprozess, der Inas Haustiererziehung sehr ähnlich ist. Dabei erhält der Akteur (hier die Hündin Ina) positive oder negative Rückmeldungen zu seinen Aktionen, je nachdem, ob das Verhalten erwünscht war oder nicht. In Abb. 26.4 ist das Grundprinzip des verstärkenden Lernens am Beispiel der Akteurin Ina mit ihrer Umwelt, ihrem aktuellen Zustand, ihren möglichen Aktionen in der Situation und

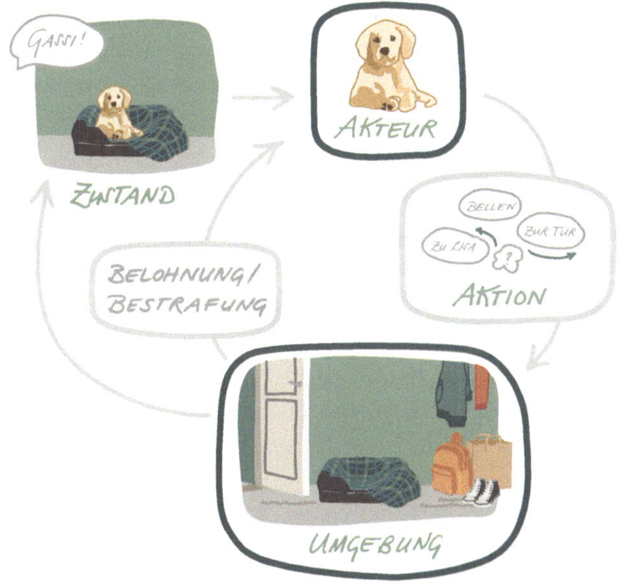

Abb. 26.4 Zusammenfassung vom Mechanismus des verstärkenden Lernens: Ein wechselseitiger Informationsaustausch zwischen Akteur und Umgebung

den resultierenden Belohnungen/Bestrafungen als Kreislauf zusammengefasst.

Die Akteurin Ina probiert also eine Aktion in ihrer Umwelt aus. In unserem Beispiel bekommt sie daraufhin eine Rückmeldung über ihr Verhalten. Im Falle des gewünschten Benehmens erhält Ina ein Leckerli von Lisa, also eine Belohnung, bei unerwünschtem Benehmen jedoch keines, sondern wird von Lisa bestraft und zurück zum Hundekorb geschickt. Anschließend probiert Ina erneut eine bestimmte Aktion aus und Lisa reagiert auf diese. Dies geschieht so lange, bis die Akteurin Ina ihr Ziel erreicht hat, d. h. erfolgreich mit Lisa Gassi gehen darf. Über die erhaltenen Belohnungen kann man jede Kette von Aktionen, die sogenannte *Strategie,* vergleichen. In unserem Fall heißt das: Bei welcher Folge von Aktionen, vom Hundekorb bis zum tatsächlichen Spazierengehen, hat Ina am meisten Leckerlis bekommen? Aus der Vielzahl einzelner Strategien, die Ina ausprobiert hat, wählt sie dann diejenige, die das gewünschte Ziel mit der größten Zahl an Belohnungen erreicht. Und ihr Frauchen Lisa ist voll des Stolzes auf Ina und ihren Lernfortschritt. Aber kann das auch im Computer funktionieren?

Die technische Bedingung für die Programmierung solch eines Vergleiches von Strategien ist, dass alle möglichen Aktionen und alle resultierenden Zustände von Anbeginn bekannt sein sollten. Die hier betrachteten Zustände sind die bestimmten Situationen, in denen sich unsere Agentin Ina befinden darf: im Korb, an der Tür, an der Tür mit Leine im Maul oder bei Lisa im Schlafzimmer. Die hier betrachteten Aktionen Inas umfassen: zu Lisa laufen, weiter schlafen, bellen oder zur Tür laufen. Offensichtlich sind in der Realität viele, viele weitere Zustände in der Wohnung und Aktionen Inas sowie

Belohnungen denkbar, was die technische Umsetzung von verstärkendem Lernen zu einer Herausforderung machen kann.

Welche praktischen Probleme können also heute bereits mit verstärkendem Lernen gelöst werden? Im Wesentlichen sind dies technische Systeme, die ein klares Gerüst aus Zuständen, Aktionen und Belohnungen aufweisen. Dies ist unter anderem der Fall bei Computer- oder Brettspielen wie dem eingangs erwähnten Spiel Go. Durch die Positionen der Spielsteine auf dem einem Schachbrett ähnlichen Go-Spielfeld können Zustände und Aktionen (Spielzüge) gut modelliert werden. Die Belohnungen bei Go (und vielen anderen Anwendungen) sind hingegen schwerer zuzuordnen, da erst am Spielende durch Sieg oder Niederlage die Belohnung erfolgt und nicht mit Gewissheit gesagt werden kann, wie gut oder schlecht eine einzelne Aktion auf dem Weg zum Spielerfolg gewesen ist. Das *AlphaGo*-Programm hat deswegen neuronale Netze (vgl. Kap. 20) verwendet, um aus vielen Spielausgängen die zu erwartenden Belohnungen für verschiedene Züge zu lernen und so seine Wertefunktion optimal anzupassen.

Erschöpft klappt Lisa das Buch zur Haustier-Zoologie schließlich zu. Was für ein Ausflug in die Welt der künstlichen Intelligenz! Ina liegt schlafend auf ihren Füßen. Auch für sie gab es genug an Gassigehen und Leckerlis für heute.

Verstärkendes Lernen in der Praxis

Im technischen Bereich wird verstärkendes Lernen zum Beispiel für die Stabilisierung des Flugverhaltens von autonomen Drohnen im Wind eingesetzt. Dieses Stabilisierungsproblem ist wegen seiner Komplexität für Ingenieure mathematisch kaum lösbar. Das verstärkende Lernen benötigt diese Mathematik nicht und kann belohnungsgetrieben die beste Steuerung der Flugrotoren lernen, um ruhig durch verschiedene Windsituationen zu gleiten. Dies bedeutet aber auch, dass das zugrundeliegende mathematische Problem nicht besser verstanden wird und seine verstärkend gelernte Lösung damit nicht unbedingt interpretierbar ist. Daher kann man dem verstärkenden Lernen aus Sicherheitsgründen nie die volle Kontrolle über solch einen Roboter überlassen. Denn ganz ähnlich wie ein Hund, der trotz aller Treue auch mal beißen kann, bleibt ein verstärkend gelerntes System immer ein wenig „unberechenbar". Es enthält keine glasklaren Grenzen für aus menschlicher Sicht nicht erlaubte oder erwünschte Aktionen, sondern lediglich eine Belohnungsstruktur, die solche Aktionen bewerten sollte. Mehr dazu in Kap. 28 zu KI-Sicherheit.

Lisas Ausflug in die Welt der künstlichen Intelligenz neigt sich dem Ende zu. Nachdem wir im Hauptteil nun viele Beispiele für Algorithmen des maschinellen Lernens (und etwas „Drumherum") kennengelernt haben, widmen wir uns im letzten Teil des Buches der Beziehung zwischen künstlicher Intelligenz und uns Menschen.

Weiterführende Literatur

Neftci EO, Averbeck BB (2019) Reinforcement learning in artificial and biological systems. Nat Mach Intell 1:133–143
Silver (2016) Mastering the game of Go with deep neural networks and tree search. Nature 529:484–489

Teil III

Künstliche Intelligenz und Gesellschaft

27

Über die Mystifizierung von KI
Warum heißt Lisa eigentlich „Lisa"?

Nicolas Berberich und Christian Hölzer

> **Weizenbaum über die Mystifizierung von Technologie**
>
> „Denn in diesen Bereichen [heuristisches Programmieren und künstliche Intelligenz] werden Maschinen dazu gebracht, sich in wundersamen Weisen zu verhalten, häufig ausreichend gut, um selbst die erfahrensten Beobachter zu erstaunen. Sobald das spezielle Programm jedoch demaskiert ist, sobald seine inneren Mechanismen in einer verständlichen Sprache erklärt sind, zerbröckelt sein

N. Berberich (✉)
TU München und LMU München, München, Deutschland
E-Mail: n.berberich@tum.de

C. Hölzer
Universität Bonn, Bonn, Deutschland

© Springer Fachmedien Wiesbaden GmbH, ein Teil von Springer Nature 2019
K. Kersting et al. (Hrsg.), *Wie Maschinen lernen,*
https://doi.org/10.1007/978-3-658-26763-6_27

> Zauber; es ist enthüllt als eine einfache Zusammenstellung von jeweils einfach nachvollziehbaren Prozeduren." (übersetzt aus[1])

„Opa,", fragt Lisa „warum heiße ich eigentlich Lisa?". Opa Kristian lächelt milde und bittet Lisa sich zu ihm zu setzen.

„Also, das ist eine etwas längere Geschichte", beginnt er. „Aber im Prinzip fing alles mit einem gewissen Herrn Weizenbaum an. Weizenbaum war ein deutsch-amerikanischer Informatik-Professor, den ich in meiner Zeit in den USA am Massachusetts Institute of Technology kennengelernt habe. Er hat dort als einer der Ersten an künstlicher Intelligenz geforscht. Deshalb wird er heutzutage auch als einer der ‚Väter der künstlichen Intelligenz' bezeichnet. In den Jahren 1964 bis 1966 hat er ein Sprach-Analyse-System entworfen, mit dem man auf Englisch eine ‚Unterhaltung' führen konnte".

„Och, Opa," unterbricht ihn Lisa „bitte erzähl jetzt keine langatmige Geschichte." „Keine Sorge Lisa, wir sind ja fast am Ende, deswegen halte ich mich kurz.", sagt Kristian augenzwinkernd und fährt fort. „Da Weizenbaum diesem System beibringen konnte, besser zu *sprechen,* nannte er es *ELIZA* nach der Blumenverkäuferin Eliza Doolittle aus George Bernard Shaws Schauspiel *Pygmalion* von 1913."

Pygmalion und Eliza Doolittle

Shaws Schauspiel *Pygmalion* basiert auf der Sage des antiken römischen Dichters Ovid und diente seinerseits als literarische Grundlage für das bekannte Musical *My Fair Lady.*

---

[1]„ELIZA – A Computer Program for the Study of Natural Language Communication between Man und Machine", Communications of the Association for Computing Machinery (CACM), 9:36–45, 1966.

Ovid erzählt in seinem Werk *Metamorphosen* von dem Bildhauer Pygmalion, der sich in eine seiner Statuen verliebte. Aphrodite, die Göttin der Liebe, erhörte Pygmalions Gebete und erweckte die Statue zum Leben. Seit dieser Zeit steht die Pygmalion-Geschichte als Sinnbild für die Liebe der Menschen zu ihren Geschöpfen und dem Wunsch, diese zum Leben zu erwecken. Sie ist damit eine Urquelle der Forschung zur künstlichen Intelligenz.

„Davon habe ich schon mal gehört", sagt Lisa. „In dem Schauspiel geht es doch darum, dass Eliza von dem Sprachwissenschaftler Professor Henry Higgins beigebracht bekommt, mit dem Akzent der feinen Londoner Oberschicht zu sprechen."

Nun glühen Lisas Augen vor Freude „Das heißt, ich heiße Lisa, weil ich mich so fein ausdrücken kann?" Da muss Opa Kristian lachen: „Ja, das würde sicherlich passen... als ob es deine Eltern schon damals geahnt hätten, wie schlagfertig du später mal wirst."

„Das ist der eine Grund", fährt Opa fort. „Den Anderen erkläre ich dir jetzt:

Weizenbaum testete sein ELIZA-Programm in der Rolle eines Psychotherapeuten und ließ es mit Patienten ein Gespräch führen. Eines dieser Gespräche begann wie folgt:

Frau: Die Männer sind alle gleich.
ELIZA: In welcher Weise?
Frau: Sie machen uns immer wegen irgendetwas verrückt.
ELIZA: Können Sie ein Beispiel nennen?
Frau: Naja, die Idee zu diesem Gespräch stammt von meinem Freund.
ELIZA: Die Idee zu diesem Gespräch stammt von ihrem Freund.

> Frau: Er sagt, dass ich oft deprimiert bin
> ELIZA: Es tut mir leid von Ihnen zu hören, dass Sie deprimiert sind

Die Ergebnisse waren so verblüffend für viele, dass einige Psychiater sogar glaubten, dass auf Basis dieser Version des ELIZA-Systems die Psychotherapie automatisiert werden und Therapeuten von Computern ersetzt werden könnten." „Aber die Antworten, die ELIZA in deinem Beispiel gerade gegeben hat, sind doch ziemlich trivial", entgegnet Lisa verdutzt.

„Das stimmt! Du glaubst gar nicht, wie überrascht auch Weizenbaum von der Aussage der Psychologen war. Aber wir Menschen neigen nun mal dazu, Technik zu mystifizieren, wenn wir ihre Funktionsweise nicht kennen und verstehen", sagt Opa Kristian mit einem Seufzer.

„Sobald man die Prinzipien verstanden hat, mit denen die Maschine arbeitet, ist das nicht mehr so. Weizenbaums ELIZA zum Beispiel hat damals einfach nur nach Schlüsselwörtern im Eingabetext der Frau gesucht und diese nach bestimmten Regeln in Antwortsätze umgewandelt. Im zweiten Satz der Frau war das Schlüsselwort ‚irgendetwas'. Wenn dieses Wort oder ähnliche Wörter in einem Satz vorkommen, kann man fast immer darauf mit der Frage ‚Können Sie ein Beispiel nennen?' antworten – ohne überhaupt im geringsten den Satz des Gegenüber verstanden zu haben. Der dritte und vierte Satz der Frau werden von ELIZA noch simpler verarbeitet. Das Programm stellt die Sätze der Frau einfach leicht um und fügt gegebenenfalls zusätzliche Kontextinformationen hinzu, die ein Programmierer zuvor eingegeben hat." Lisa nickt. „Achso, das heißt, dass die Programmierer vorher schon festgelegt haben, dass man sagen muss, dass einem das Leid tut, wenn jemand anderes deprimiert ist. Aber wenn man das automatisch macht, dann ist es ja gar nicht ernst gemeint." Opa freut sich sichtlich über Lisas Kommentar:

„Absolut, und wenn das eine Maschine sagt, dann ist das erst recht nicht ernst gemeint, weil ihr nämlich überhaupt nichts Leid tun *kann!* Aus genau diesem Grund war Weizenbaum auch strikt dagegen, Computer jemals die Arbeit von Therapeuten oder ähnlichen Sozialberufen übernehmen zu lassen, weil es dabei um echtes Mitgefühl geht. Und Mitgefühl können Computer per Definition nicht aufbringen, da sie nicht selbst fühlen können."

„Wenn sich viele Leute von ELIZA haben täuschen lassen und gedacht haben, dass das Computerprogramm wirklich intelligent sei, hat ELIZA dann also den Turing-Test[2] bestanden?", möchte Lisa von ihrem Opa wissen. Freudig blitzen Opas Augen auf, denn er ist ein großer Fan des britischen Mathematikers, dessen Test wir schon in Kap. 18 kennengelernt haben.

„Das ist eine gute Frage! Aber nein, das hat ELIZA nicht einmal ansatzweise. Denn bei Alan Turings Test geht es darum, dass ein Mensch selbst durch strategisch ausgewählte Fragen nicht herausfinden kann, ob er gerade mit einem anderen Menschen, oder mit einer Maschine chattet. ELIZA kann für einige Leute zwar kurzzeitig als menschlich erscheinen, aber gezielten Fragen hält das Programm nicht stand."

---

[2]Der Artikel, in welchem Turing den nach ihm benannten Intelligenz-Test beschrieben hat, ist ein Klassiker im Feld der KI (obwohl er geschrieben wurde, bevor der Begriff „künstliche Intelligenz" geprägt wurde): A. M. Turing (1950): *„Computing Machinery and Intelligence".* Mind 49:433–460.

„Ok, das kann ich verstehen. Aber warum heiße ich denn nun Lisa?" will Lisa abschließend wissen. „Du heißt Lisa, um uns daran zu erinnern, dass Menschen selbst den intelligentesten Maschinen in den Bereichen des Verstehens und der Gefühle noch weit voraus sind. Außerdem sollten wir nicht vergessen, dass wir Menschen dazu neigen, einer Technologie übertriebene Eigenschaften zuzuschreiben, wenn wir ihre Funktionsweise nicht kennen. Bilde dir faktenbasiert eine eigene Meinung und mystifiziere nicht, was du noch nicht verstehst", gibt ihr der Opa als Rat mit auf den Weg.

Weiterführendes

Zu Ehren von Weizenbaums technischer und philosophischer Arbeit trägt das Deutsche Internet-Institut den Namen *Weizenbaum-Institut für die vernetzte Gesellschaft*. In interdisziplinären Arbeitsgruppen wird dort erforscht, wie individuelle und gesellschaftliche Selbstbestimmung in einer von Digitalisierung und zunehmend von KI geprägten Welt verteidigt und befördert werden kann.

Seit 2008 wird der *Weizenbaum Award* jährlich an eine Person vergeben, die sich in besonderem Maße für das Feld der Informations- und Computerethik verdient gemacht hat. Mehrere der Preisträger beschäftigen sich auch intensiv mit der Ethik der künstlichen Intelligenz, die wir in Kap. 29 vorstellen werden.

Weiterführende Literatur

„ELIZA — A Computer Program for the Study of Natural Language Communication between Man and Machine". *Communications of the Association for Computing Machinery* 9 (1966):36–45

Holzinger S, Haas P (2006) *Weizenbaum. Rebel at Work.* GER/AUT/USA 2006, IL MARE FILM, Wien. http://www.ilmarefilm.org/archive/weizenbaum_archiv.html

Weizenbaum J (1978) *Die Macht der Computer und die Ohnmacht der Vernunft*, 14. Aufl. (Übers von Udo Rennert). Suhrkamp, Erste

28

Künstliche Intelligenz und Sicherheit
Wie ein Roboter im Porzellanladen

Nicolas Berberich und Ina Kalder

Film und Fernsehen haben das Forschungsfeld der künstlichen Intelligenz scheinbar unauflöslich mit futuristischen Untergangsszenarien verknüpft, sei es in dem Film *Der Terminator,* in welchem eine künstliche Intelligenz namens *Skynet* selbstständig wird, oder HAL9000 in *2001: Odyssee im Weltraum,* der sich urplötzlich weigert, den Befehlen der Menschen weiterhin zu folgen. Wir haben Angst vor Maschinen, die in hohem Maße schlauer sind als wir und

N. Berberich (✉)
TU München und LMU München, München, Deutschland
E-Mail: n.berberich@tum.de

I. Kalder
Universität zu Köln, Köln, Deutschland

© Springer Fachmedien Wiesbaden GmbH, ein Teil von Springer Nature 2019
K. Kersting et al. (Hrsg.), *Wie Maschinen lernen,*
https://doi.org/10.1007/978-3-658-26763-6_28

sich unserer Kontrolle entziehen.[1] Doch sind intelligente Systeme wirklich so bedrohlich, wie sie scheinen? Und gibt es Szenarien, an welchen man die konkreten Sicherheitsherausforderungen veranschaulichen kann?

Stellen wir uns zunächst eine nützliche Anwendung für künstliche Intelligenz vor: einen Putzroboter. Für diesen müssten wir einen Algorithmus entwickeln, indem wir seine genaue Aufgabe beschreiben, also auch ein Ziel festlegen. Dass wir Menschen nicht gut darin sind, unsere Ziele und Wünsche eindeutig zu formulieren, zeigen uns berühmte Beispiele aus der Literatur und Mythologie – von Goethes *Zauberlehrling* zu *König Midas* aus dem antiken Griechenland. Letzterer wünschte sich, dass alles was er berühre, zu Gold werde, nur um tragischerweise festzustellen, dass er nun weder essen noch trinken konnte. Die Lösung scheint in der genauen Spezifizierung aller Eventualitäten zu liegen, um ungewollte Nebeneffekte auszuschließen.

Würden wir unserem Roboter eine relativ einfache Aufgabe stellen, zum Beispiel eine Kiste möglichst schnell von A nach B zu transportieren, so könnte er unterwegs eine schöne Vase zerstören, wenn er für einen Umweg mehr Zeit benötigen würde. Um das zu verhindern, könnten wir dem Putzroboter eine Vorsicht vor dem Zerstören von Gegenständen mit einprogrammieren. „Beweg die Kiste von A nach B *und benutze dabei gesunden Menschenverstand*“ wäre wohl eine bessere Befehlsbeschreibung, um negative Einflüsse auf die Umwelt zu vermeiden. Aber was genau verstehen wir eigentlich unter gesundem Menschenverstand?

Ein Ansatz könnte sein, jegliche Änderung der Umwelt zu bestrafen, sodass der Putzroboter den Zeitverlust in

---

[1]Mit dieser Thematik beschäftigt sich z. B. Nick Bostrom in seinem Buch zu *Superintelligenz: Szenarien einer kommenden Revolution.*

Kauf nehmen und an der Vase vorbei fahren würde. Wir könnten für jeden Gegenstand die Distanz zwischen Start- und Endpunkt messen und eine Abweichung zwischen diesen beiden Werten bestrafen. Wie man sich vorstellen kann, würde das jedoch dazu führen, dass der Putzroboter jegliche Veränderung der Umwelt vermeiden und eventuell sogar aktiv Menschen daran hindern würde.

Mit solchen Problemen beschäftigt sich der Forschungsbereich *Sicherheit von künstlicher Intelligenz*. Aus der Natur der bereits besprochenen Algorithmen ergeben sich spezifische Risiken, auf die man schon bei der Programmierung achten muss. Ein möglicher Ansatz in unserem Beispiel wäre, statt sämtlichen Einfluss auf das Umfeld zu bestrafen (im Sinne des verstärkenden Lernens aus Kap. 26), den Putzroboter in verschiedenen Umgebungen unterschiedlichen Hindernissen auszusetzen. Der Roboter könnte so ein Verhalten bzw. bestimmte Regeln (den sog. *Impact Regularizer*) erlernen, welche je nach Aufgabe (z. B. Putzen) und Objekt (z. B. eine Vase) den Einfluss des Roboters regulieren. Eine Vase umzustoßen würde dabei für unseren Putzroboter zu einer hohen Bestrafung führen, während für einen Gartenroboter ein Blatt zu überfahren keine negativen Auswirkungen hätte.

Grundsätzlich ist unser Problem also nicht die Böswilligkeit der künstlichen Intelligenz – wie uns die Dystopien glauben lassen – sondern, dass sich KI-Systeme aufgrund von algorithmischen Schwachstellen anders verhalten können, als erwartet. Angenommen, wir haben unserem Putzroboter vorgegeben, dass wir, wenn wir nach Hause kommen, keine Unordnung vorfinden möchten. Dann könnte er, statt aufzuräumen, uns einfach den Zugang zu unserer Wohnung verwehren.

Was für eine Vorgabe an das Verhalten des Roboters wäre noch möglich? Zum Beispiel könnte man diesen schlichtweg für jede Aufräumtätigkeit belohnen. Das könnte jedoch dazu führen, dass er absichtlich mehr Unordnung kreiert, um sie im Anschluss beseitigen zu können.

Das heißt, dass wir genau aufpassen müssen, wie wir unser Ziel und die Vorgaben, um dieses zu erreichen, wählen. Mithilfe der linearen Regression hätte man feststellen können, dass eine Korrelation zwischen dem Verbrauch von Reinigungsmitteln und der anschließenden Sauberkeit des Raums besteht – viel verwendetes Reinigungsmittel bedeutet im Normalfall ein besseres Reinigungsergebnis. Würde man jedoch den Reinigungsroboter für die Verwendung von Putzmitteln belohnen, könnte er dieses einfach komplett ins Waschbecken entleeren, um seine Belohnung zu maximieren. Dies ist auch bekannt als *Goodharts Gesetz* und besagt, dass wenn ein Maß zum zu optimierenden Ziel wird, es kein gutes Maß mehr ist. Was wäre also eine gute Belohnungsfunktion?

Nun, die einfache Antwort ist, dass wir nicht für jedes intelligente System eine allgemeine Funktion vorgeben können. Stattdessen könnte unsere KI die Belohnungsfunktion zum Beispiel über das sogenannte *inverse verstärkende Lernen* (engl. *inverse reinforcement learning*) erlernen. Genauso, wie eine KI mit Bildmaterial und entsprechenden Beschriftungen erlernt, einen Hund zu identifizieren, soll eine künstliche Intelligenz durch die Beobachtung unseres menschlichen Verhaltens erlernen, was unsere Werte, Tugenden und Ziele sind. Für die Entwicklung von intelligenten Systemen, vor denen wir uns nicht fürchten müssen, ist deshalb die folgende Herangehensweise nützlich:

1. Die Zielfunktion des Roboters ist, menschliche Werte zu maximieren.
2. Der Roboter ist sich dieser Werte zunächst nicht bewusst.
3. Die Informationen über unsere Werte erhält der Roboter durch Beobachtung unseres menschlichen Verhaltens und unserer sozialen Interaktionen.
4. Der Roboter lernt, sich so zu verhalten, dass er die Werte der Menschen maximiert.

Diese Methode wird als Werte-Anpassung (engl. *value alignment*) bezeichnet. Da reine Beobachtung nicht ausreichend ist, um menschliche Werte zu erkennen, benötigt die KI-Sicherheit interdisziplinäre Unterstützung von Sozialwissenschaftlern, Psychologen und Ethikern.

Sicherheit in technischen Systemen

Dass man sich um die Sicherheit von technischen Entwicklungen Gedanken macht, ist keine Neuheit. Wie bei der Geschichte von Automobilen sind auch in der künstlichen Intelligenz mehrere Aspekte zu beachten:

So tüftelten schon kurz nach der Wende zum 20. Jahrhundert, als die ersten Automobile betriebsbereit waren, Ingenieure daran, die neuen Fahrzeuge sicher zu machen. Diese Maßnahmen lassen sich im Wesentlichen in fünf Kategorien aufteilen:

Zum Einen musste es Regeln für die Benutzung neuer Technologien geben – in diesem Fall das deutsche Kraftfahrgesetz, welches 1910 in Kraft trat und der Vorläufer unserer heutigen Straßenverkehrsordnung ist.

Außerdem birgt es Risiken, die Nutzer nicht auf die neue Technologie vorzubereiten und es wurden dementsprechend Qualifikationsangebote und Eignungstests für Automobilfahrer eingeführt – Fahren ohne eine Art von Führerschein wäre in der heutigen Welt unvorstellbar.

Um für einen sicheren Verkehr zu sorgen, waren zudem (Crash-)Tests von Automobilen und anerkannte Standards sehr wichtig.

Eine weitere Möglichkeit, um neue Technik sicherer zu gestalten, liegt in der Anpassung ihrer Betriebsumgebung. In unserem Beispiel also durch Ampeln, Fahrbahnmarkierungen und Straßenlaternen. Auch innerhalb des Automobils kam es zu vielfältigen Innovationen wie dem Sicherheitsgurt, Airbags, dem Antiblockiersystem und Warnblinkern.

Unsere Einführung in die KI-Sicherheit hat dabei hauptsächlich diesen letzten Aspekt behandelt. Auch für unsere Lernalgorithmen brauchen wir Strukturen, die den Nutzer sichern – zum Beispiel vor einem Putzroboter, der keine Änderungen zulässt. Und wir müssen auch lernen, intelligente Systeme richtig zu benutzen, indem wir zum Beispiel unsere Ziele klar formulieren.

In der Vergangenheit wurden diese Sicherheitsmaßnahmen in den meisten Technologiebereichen erst nach schwerwiegenden Unfällen erforscht, entwickelt und umgesetzt. Eine der großen Herausforderungen im Bereich der künstlichen Intelligenz ist, die Sicherheitsentwicklung möglichst zeitgleich zur Entwicklung der eigentlichen Funktion (in unserem Beispiel das Putzen) durchzuführen und darauf zu achten, dass die Entwickler und Entwicklerinnen nach dem Vorsorgeprinzip handeln. So können Unfälle im Vorfeld vermieden werden, statt erst im Nachhinein aus ihnen lernen zu müssen.

In dieser kurzen Einführung in das Feld der KI-Sicherheit haben wir gesehen, dass es bei KI-Sicherheit weniger um apokalyptische Szenarien, sondern um konkrete algorithmische Problemstellungen geht, die mit wissenschaftlichen Methoden und menschlicher Kreativität in Zukunft gelöst werden können.[2] Im folgenden Kap. 29 beleuchten wir den Zusammenhang von künstlicher Intelligenz und Ethik.

---

[2]Referenzen: „Concrete Problems in AI Safety" von Dario Amodei et al. „Leben 3.0: Mensch sein im Zeitalter von Künstlicher Intelligenz" von Max Tegmark.

29

Künstliche Intelligenz und Ethik
KI oder nicht KI? Das ist hier nicht die Frage

Nicolas Berberich

Begeistert von den vielen Erkenntnissen über künstliche Intelligenz, die Lisa in den letzten Tagen gesammelten hatte, hat sie sich vorgenommen, sich konkrete Anwendungen anzuschauen. Dafür macht Lisa ein Praktikum in einem Pflegeheim, in dem Robotik und KI in der Pflegearbeit verwenden werden. Zur Vorbereitung hat sich Lisa mehrere Science-Fiction Filme über Pflegerobotik angesehen. Fast ausschließlich ging es dort um menschenähnliche Roboter, die den älteren Menschen aus dem Bett und beim Anziehen halfen, sowie für sie gekocht und geputzt haben. Die Senioren konnten auch mit ihren Robotern reden, welche stets mit der Simulation eines Lächelns im mechanischen Gesicht antworteten.

N. Berberich (✉)
TU München und LMU München, München, Deutschland
E-Mail: n.berberich@tum.de

© Springer Fachmedien Wiesbaden GmbH, ein Teil von Springer Nature 2019
K. Kersting et al. (Hrsg.), *Wie Maschinen lernen,*
https://doi.org/10.1007/978-3-658-26763-6_29

Nach ihrem ersten Tag im Pflegeheim war Lisa zuerst sehr enttäuscht. Sie hatte dort überhaupt keine humanoiden Roboter gesehen. Stattdessen gab es viele Geräte, die Lisa bereits kannte, die aber mit zusätzlichen Sensoren und Motoren ausgestattet waren.

Eines dieser Geräte war ein intelligenter Rollator, der mit einem Kamerasystem und mit Motoren ausgestattet war. Mit den Kameras war der Rollator in der Lage, Objekte in der Umgebung zu erkennen und gegebenenfalls vor einem Zusammenstoß mithilfe der Motoren zu bremsen oder auszuweichen. Dadurch konnte das System die Sicherheit seiner Benutzer im fortgeschrittenen Alter erhöhen. Mit Sensoren konnte der Rollator erkennen, in welche Richtung sein Benutzer sich bewegen wollte, und ihn dabei unterstützen. Dafür wurde mit überwachtem Lernen ein Modell gelernt, welches den gemessenen Sensorwerten eine gewollte Bewegungsrichtung (Beschleunigen, Bremsen, Rechts, Links) zuordnet.

Diese physische Unterstützung ermöglichte es den Senioren länger aktiv zu bleiben, was wiederum einen positiven Effekt auf ihre Gesundheit und Zufriedenheit hatte.

Durch das Kennenlernen von solchen intelligenten Systemen im Laufe ihres Praktikums hat Lisa erkannt, dass neue KI-getriebene Technologien die Pflege auf viel subtilere Weise ändern können, als es humanoide Roboter würden. Sie haben die Pflegerinnen und Pfleger nicht ersetzt, sondern unterstützen sie bei körperlicher Arbeit, die in anderen Einrichtungen häufig zu ernsthaften Rückenproblemen führt, und tragen zu einer höheren Autonomie der Seniorinnen und Senioren bei. Statt um die Ersetzung des Menschen geht es also um die Unterstützung des Menschen durch die Maschine.

Über die Pflege und Industriearbeit hinaus dringt künstliche Intelligenz gemeinsam mit der Digitalisierung in fast alle Lebensbereiche vor und verändert unseren Alltag, und auch die Art, wie wir miteinander kommunizieren und interagieren. Deshalb sind ethische Reflexionen über die Nutzung von KI-Methoden von höchster Bedeutung.

Ethik ist der Teilbereich der Philosophie, der sich mit der praktischen Frage beschäftigt, wie man ein gutes Leben (die alten griechischen Philosophen nannten das *eudaimonia*) führen und moralisch handeln kann – sowohl als Person als auch als Gesellschaft. Diese Frage geht wirklich jeden etwas an und bezieht sich nicht nur darauf, wie wir richtig mit anderen Menschen interagieren, sondern auch *welche* Technologien wir verwenden und *wie* wir diese entwickeln und verwenden.

Die zentrale Frage der KI-Ethik

Wie können wir KI-Technologie entwickeln und nutzen, um Menschen dabei zu ünterstützen, ein gutes Leben zu führen und besser zu handeln?

In der zentralen Frage der KI-Ethik stecken eigentlich zwei Fragen: „*Was ist das gute Leben?*" (die Grundfrage der Ethik) und „*Wie kann uns KI-Technologie dabei unterstützen?*" (eine Frage an die Technik). Das Hauptziel ist, Menschen ein gutes Leben zu ermöglichen. (KI-)Technologie ist nur ein Werkzeug dafür. Philosophen in der Tradition von Immanuel Kant würden sagen, dass eine KI, anders als der Mensch, kein Selbstzweck ist.[1]

---

[1]Fun Fact: Kants berühmter Kategorischer Imperativ wird übrigens auch mit „KI" abgekürzt.

Das gute Leben

Die Frage, welche Faktoren dazu führen, dass Menschen glücklich sind und ein gutes Leben haben, wird neben der Ethik auch von der positiven/humanistischen Psychologie wissenschaftlich erforscht.[2] Diese Richtung der Psychologie geht unter anderem auf Abraham Maslow (der Vater der Bedürfnispyramide) und Martin Seligman zurück und hat zum Ziel, die Erforschung von negativen psychologischen Phänomenen, wie beispielsweise Depressionen, durch die Erforschung von positiven psychologischen Phänomenen, wie beispielsweise Wohlbefinden, zu ergänzen. Wohlbefinden hängt nach den Erkenntnissen der positiven Psychologie von dem Zusammenspiel mehrerer Faktoren ab – zum Beispiel körperliche und mentale Gesundheit, Freundschaft und Romantik, selbstbestimmte und erfüllende Arbeit, Sicherheit, eine schöne und reichhaltige Natur und viele mehr (siehe auch https://worldhappiness.report/).

Die Aufteilung in negative und positive Psychologie kann man auch auf die Ethik übertragen. Neben der negativen Ethik, die sich kritisch damit beschäftigt, was das gute Leben nicht ist, bzw. was wir nicht tun sollten, benötigen wir eine positive Ethik, bei der es konstruktiv darum geht, was das gute Leben ist und was wir tun sollten. Gerade für die Innovationsfähigkeit in neuen Technologiefeldern wie der künstlichen Intelligenz ist es wichtig, auch positive Zielvorstellungen zu entwickeln.

Als Antwort auf die Frage, wie uns KI-Technologie dabei unterstützen kann, ein gutes Leben zu führen, haben sich zwei Forschungsrichtungen gebildet, in denen künstliche Intelligenz und Ethik zusammengebracht werden: die Maschinenethik und die Technikethik der künstlichen Intelligenz.

---

[2]Während die Ethik als Teilbereich der Philosophie das gute Leben durch rationale Überlegungen und mit logischen Argumenten untersucht, bedient sich die positive Psychologie Fragebögen und Experimenten.

Die *Maschinenethik* beschäftigt sich mit der Frage, ob Maschinen überhaupt moralisch handeln können und falls ja, nach welchen Kriterien sie moralische Handlungen auswählen sollen.

Im Zentrum der Betrachtung stehen dabei autonome Systeme wie Roboter und selbstfahrende Autos, die ohne direkte Einwirkung von Menschen agieren.

Befürworter der Moralfähigkeit von Maschinen argumentieren, dass diese autonomen Systeme die Möglichkeit haben, zwischen mehr und weniger moralischen Handlungen auszuwählen. Das Standardbeispiel hierfür ist ein autonomes Fahrzeug, welches die Optionen hat, entweder weiter geradeaus zu fahren und fünf Personen zu überfahren oder nach rechts auszuweichen und dadurch den Tod von einer Person zu verursachen. Dabei handelt es sich um eine Adaption des Weichensteller-Dilemmas (engl. *trolley problem*), mit welchem Philosophie-Studierende traditionell in die wichtigsten Moraltheorien eingeführt werden. In der Maschinenethik werden Algorithmen entwickelt, durch die intelligente Systeme moralische Entscheidungen treffen können. Häufig basieren diese entweder auf deontologischer[3] oder auf konsequentialistischer[4] Ethik. Bei der Deontologie, zu der auch Immanuel Kants Moralphilosophie und die biblischen zehn Gebote gezählt werden, geht es um Pflichten und Regeln, nach denen gehandelt werden muss. Das bekannteste KI-Beispiel dafür sind die drei (später vier) Robotergesetze des Science-Fiction Autors Isaac Asimov, nach denen ein Roboter kein menschliches Wesen verletzen darf, den

---

[3]Griech. *deon* = die Pflicht; Deontologische Ethik oder Deontologie wird deshalb auch als Pflichtenethik bezeichnet.

[4]Ethik, die sich auf die Konsequenzen von Handlungen bezieht und nicht auf deren zugrundeliegenden Motive.

Befehlen von Menschen gehorchen und seine eigene Existenz beschützen muss. Deontologisch inspirierte (Maschinen-)Ethik hat mit der Herausforderung zu kämpfen, dass einfache Regeln sich nicht auf alle denkbaren Situationen in unserer komplexen Welt anwenden lassen und manchmal zu Widersprüchen führen.

In seinen Robotergeschichten hat Asimov deshalb eine Prioritätenfolge in seine Gesetze eingebaut, aber auch dies ist nicht ausreichend, wie er in seinen Geschichten eindrücklich aufzeigte (z. B. in seiner Kurzgeschichte „Runaround").

In der konsequentialistischen Ethik, deren bekanntester Vertreter der Utilitarismus[5] ist, werden diejenigen Handlungen als ethisch angesehen, welche positive Konsequenzen für möglichst viele Menschen zur Folge haben (*„The greatest amount of good for the greatest number"*). Vielen Ingenieuren gefällt dieser Ansatz instinktiv, weil man dafür eine Nutzenfunktion aufstellen und diese maximieren kann. Der Teufel liegt hier allerdings wieder im Detail. Insbesondere stellt sich die Frage nach der Formulierung der Nutzenfunktion, denn dafür muss man das Gute in der Welt auf Zahlen abbilden. Wie viel Nutzen entspricht es, wenn ein Kind in Afrika nicht verhungern muss? 81? Und welchen Nutzen bringt dann ein intelligentes System, welches unsere Privatsphäre achtet? 24?[6] Was sich in der Theorie noch recht sinnvoll anhört, wird schnell impraktikabel, wenn nicht sogar absurd, wenn man es in Computercode übersetzen möchte.

---

[5]Lat. *utilitas* = der Nutzen; Form der nutzenorientierten Ethik, welcher von Jeremy Bentham (1748–1832) und John Stuart Mill (1806–1873) entwickelt wurde.

[6]Immanuel Kant umgeht dieses Problem in seiner deontologischen Ethik, indem er Menschenleben als unaufwiegbar und damit als nicht durch Zahlen erfassbar definiert.

Dass neue Technologiefelder negative Nebenwirkungen haben können und möglichst frühzeitig einer ethischen Reflexion unterzogen werden sollten, ist schon seit längerem bekannt (Bsp.: Gentechnik). Das akademische Feld, das sich damit beschäftigt, ist die *Technikethik,* insbesondere mit der Methode der Technikfolgenabschätzung. In deren Ursprüngen ging es dabei vor allem darum, mögliche Folgen, beispielsweise Zukunftsszenarien von Technologien zu prognostizieren und darauf basierend Handlungsoptionen auszuarbeiten. Diese sollten im Idealfall von der Politik als Entscheidungsgrundlage verwendet werden. In den letzten Jahren hat sich der Fokus von der Folgenabschätzung auf die partizipatorische Gestaltung von Technik verschoben. Da mögliche Zukünfte notorisch schwer vorherzusagen sind, ist es möglicherweise besser sich darauf zu konzentrieren, die neue Technologien möglichst umsichtig zu gestalten. Dafür sind insbesondere zwei Aspekte wichtig. Zum einen müssen möglichst viele unterschiedliche Stimmen Anteil an der Technikgestaltung haben – sie muss *partizipativ* sein. Die Entwicklung neuer Technologien darf nicht nur den Ingenieuren und Informatikerinnen überlassen werden, sie benötigt auch Philosophen, Sozialwissenschaftlerinnen, Psychologen, Politikerinnen[7] und – ganz besonders wichtig – auch die Beteiligung zukünftiger Nutzer aus den Anwendungsbereichen.[8] Wie intelligente Pflegesysteme entwickelt werden, sollte nicht in einem Robotiklabor entschieden werden, sondern aus einem Gespräch zwischen Ingenieuren, Pflegern und zu

---

[7]Die Vielfalt der einzubeziehenden Menschen betrifft nicht nur wissenschaftliche Disziplinen, sondern auch Geschlecht, Kultur etc.

[8]Ein Beispiel für partizipatorische Technikgestaltung in Deutschland ist die Plattform Lernende Systeme (www.plattform-lernende-systeme.de/).

Pflegenden heraus (und idealerweise unter Einbeziehung der Krankenkassen, des Gesundheitsministeriums und weiterer Akteure). Zweitens sollte die Entwicklung *systemisch* sein. Systemisch ist das Gegenteil von *isoliert*. KI-Technologie hat nicht nur Auswirkungen für den Nutzer während der unmittelbaren Nutzung des intelligenten Systems, sondern auch auf andere Menschen. Ein Beispiel: Viele Onlinehändler verwenden lernende Produktempfehlungssysteme, die unsere Kaufpräferenzen lernen, uns geeignete Produkte vorschlagen, und diese nach dem Kauf direkt an die Haustüre liefern. Solche Technologien sind an sich eine Bereicherung für die Kunden. Durch ihren immensen Erfolg haben sie aber auch systemische Auswirkungen, denn so müssen viele kleine Läden wegen mangelnder Wettbewerbsfähigkeit schließen. Dadurch verändert sich das Stadtbild und damit unser Lebensumfeld. Mit den Läden verlieren wir Orte des sozialen Lebens, in denen man zufällige Bekanntschaften schließt oder alten Freunden über den Weg läuft. Das bedeutet nicht, dass lernende Produktempfehlungssysteme per se unethisch sind, sondern ist ein Appell daran, solchen Nebenwirkungen gegenüber aufmerksam zu sein und gegebenenfalls nach Kompromissen zu suchen.

Systemische Technikgestaltung in der KI bedeutet auch, dass nicht nur die Hauptfunktionen von intelligenten Systemen betrachtet werden (d. h. *dass* sie sich intelligent verhalten können), sondern auch dessen Systemeigenschaften (d. h. *wie* sie das tun). Stellen wir uns ein intelligentes System vor, welches Firmen dabei unterstützen soll, aus einer Flut an Bewerbern den oder die Beste(n) zu finden. Dafür könnte man einen Trainingsdatensatz erstellen, welcher aus den Lebensläufen von Mitarbeitern besteht, denen als Label eine Zahl von 1–10 zugeordnet wird, die aussagt, wie wertvoll dieser Mitarbeiter für das Unternehmen ist.[9] Mithilfe dieses Datensatzes kann durch Methoden des überwachten Lernens eine Funktion gelernt werden, welche beliebige Lebensläufe auf einen geschätzten Wert für das Unternehmen abbildet. Die Hauptfunktion von diesem System wäre, im Mittel möglichst genaue Vorhersagen zu machen.

Zufälligerweise bewirbt sich unsere Protagonistin Lisa bei der Firma, die dieses neue lernende Einstellungsverfahren verwendet. Leider bekommt sie eine negative Antwort – das intelligente System hat entschieden, dass sie keine vielversprechende Kandidatin ist. Normalerweise hätte Lisa diese Entscheidung akzeptiert, nur hat sie mitbekommen, dass auch mehrere ihrer Freundinnen und Freunde sich ebenfalls bei dieser Firma beworben und seltsamerweise nur die männlichen Bewerber einen Job bekommen haben. Auf eine Erkundigungsmail von Lisa antwortet die Firma, dass das gelernte Modell ein neuronales Netzwerk mit tausenden Gewichten sei und man unmöglich herausfinden könne, weshalb Frauen keine guten Werte zugeordnet bekommen. Damit gibt sich Lisa nicht zufrieden und verlangt einen Einblick in die Trainingsdaten des intelligenten Einstellungssystems, denn mittlerweile weiß sie, wie wichtig die Daten für jedes gelernte Modell sind. Der Datensatz besteht aus den Lebensläufen von 1000 Mitarbeitern, von denen jedoch nur zwei Frauen sind. Beide hatten einen geringen Wert für das Unternehmen zugeordnet bekommen, was, wie Lisa schnell herausfindet, daran liegt, dass der Wert der Mitarbeiter in einem Zeitraum gemessen wurde, in dem beide Frauen vorübergehend nur in Teilzeit arbeiteten. Dem

---

[9]Schon allein das Erstellen derartiger Trainingsdatensätze ist ethisch äußerst fragwürdig.

Lernalgorithmus fehlte dieser Kontext und so lernte er, dass das Merkmal Frau mit einem geringen Wert korrelierte. Nachdem Lisa damit den Diskriminierungsgrund herausgefunden hat und der Firma erklärte, dass die Verzerrung in ihren Trainingsdaten zu dem unfairen Verhalten des Systems geführt hat, stellt sie die Frage, wer denn nun für den entstandenen Schaden die Verantwortung übernimmt. Schließlich hätten mehrere Frauen ungerechtfertigterweise keinen Job erhalten, auf den sie möglicherweise angewiesen waren. Der Algorithmus ist kaum dazu fähig, die Verantwortung dafür zu übernehmen. Aber wer dann?

Neben der Transparenz, Erklärbarkeit, Fairness und Verantwortung gibt es noch eine Reihe weiterer Systemeigenschaften, die für KI-Systeme wichtig sind, beispielsweise die im letzten Kapitel besprochene Sicherheit und auch Zugänglichkeit und Nachhaltigkeit. Welche Eigenschaften in welchem Ausmaß in verschiedenen Anwendungsbereichen notwendig sind und möglicherweise gesetzlich vorgeschrieben werden sollten, muss noch ausdiskutiert und getestet werden.

Die KI-Ethik ist ein hochgradig interdisziplinäres Unterfangen, in dem sich die verschiedenen Wissenschaftszweige – von der Informatik und Mathematik zur Philosophie und Soziologie – die Hände reichen und zusammenarbeiten müssen. Damit eine solche Zusammenarbeit funktioniert, ist es notwendig, dass eine breite Allgemeinbildung über die Grundlagen und damit auch über die realistischen Potenziale und Grenzen der KI-Technologie existiert.

Diese Zusammenarbeit darf jedoch nicht nur auf die Wissenschaft beschränkt bleiben.

Wir wissen, dass das gute Leben für jeden Menschen unterschiedlich aussieht, da jeder Mensch seine eigenen Vorstellungen, Hoffnungen und Träume hat und Werte unterschiedlich gewichtet.

Weiterführende Literatur

Grunwald A (2019) *Der unterlegene Mensch: Die Zukunft der Menschheit im Angesicht von Algorithmen, künstlicher Intelligenz und Robotern.* riva Verlag, München

High-Level Expert Group on Artificial Intelligence, European Commission (2019) *Ethics Guidelines for Trustworthy AI.* https://ec.europa.eu/futurium/en/ai-alliance-consultation. Zugegriffen: 12. Aug. 2019

IEEE Global Initiative on Ethics of Autonomous and Intelligent Systems (2019) *Ethically Aligned Design: A Vision for Prioritizing Human Well-being with Autonomous and Intelligent Systems*, 1. edn. https://standards.ieee.org/content/dam/ieee-standards/standards/web/documents/other/ead1e.pdf. Zugegriffen: 12. Aug. 2019

Klaus M (2019) *Künstliche Intelligenz – Wann übernehmen die Maschinen,* 2. Aufl. Springer, Berlin

Misselhorn C (2018) *Grundfragen der Maschinenethik.* Reclam, Stuttgart

30

Schlusswort
Wie wir maschinelles Lernen gelernt haben

Jannik Kossen, Maike Elisa Müller
und Elena Natterer

„Schau mal, da steht wieder irgendwas von künstlicher Intelligenz." Lisa und ihr Mitbewohner Max sitzen mal wieder am Küchentisch beim entspannten Sonntagsfrühstück.

„Was denn?", fragt sie ihn. „KI kann Gedanken lesen – Kommt bald die Apokalypse?" liest ihr Max vor. „Aha, aha. Das hört sich ja nach fundiertem Wissenschaftsjournalismus an", entgegnet Lisa leicht skeptisch. „Schade, dass man sich oft nicht tiefer damit beschäftigt." In den letzten Wochen

J. Kossen (✉)
Universität Heidelberg, Heidelberg, aus Darmstadt,
Deutschland
E-Mail: jannik.kossen@gmail.com

M. E. Müller
TU Berlin, Berlin, Deutschland

E. Natterer
Tübingen, Deutschland

K. Kersting et al. (Hrsg.), *Wie Maschinen lernen,*
https://doi.org/10.1007/978-3-658-26763-6_30

hat sie viel über die Methoden des maschinellen Lernens erfahren. Sie weiß jetzt, was für eine wichtige Rolle Daten spielen, was überhaupt ein Algorithmus ist und was die grundlegenden Ideen des maschinellen Lernens sind. Die Unterschiede zwischen Klassifikation und Regression sind Lisa jetzt ebenso klar, wie jene zwischen überwachtem und unüberwachtem Lernen.

Mit diesem Wissen konnte sie dann die grundlegenden Methoden des maschinellen Lernens in ihren Anwendungen erforschen. Auch wenn sie sich vielleicht nicht mehr an jede Methode im Detail erinnert, so hat sich das Schlagwort *maschinelles Lernen* für sie doch mit Inhalt gefüllt:

Mit der linearen Regression konnte sie von Tatzengrößen auf Tiergewichte schließen. Der k-Nächste-Nachbarn Algorithmus hat Lisas Chefin geholfen, die Anzahl der Kunden in ihrem Bekleidungsgeschäft vorherzusagen. Die Support Vector Machine hat ihr ermöglicht, Tische von Stühlen abzugrenzen. Als sie bei ihrem Onkel, dem Professor, aus Versehen sämtliche Papiere von seinem Schreibtisch gefegt hatte, konnte sie diese dank des k-Means-Algorithmus wieder sortieren. Auch konnte sie mithilfe von Entscheidungsbäumen ihrer Familie genug Angst vor einer Kreuzfahrt einjagen, sodass sie stattdessen einen Surfurlaub genießen durfte. Ihren Papa konnte sie beim Autokauf unterstützen und dank der Hauptkomponentenanalyse eine Vielzahl an Merkmalen auf wenige, entscheidende Informationen reduzieren. Sie konnte dank des Perzeptrons und neuronaler Netze Pop- von Metalmusik unterscheiden. Bei einer Literaturrecherche hat sie gelernt, wie man mit Faltungsnetzen auf Bildern Objekte erkennt. Der Bayes-Klassifizierer hat ihr im Urlaub geholfen, herauszufinden, welche Geräusche am wahrscheinlichsten von welchen Tieren stammen. Mit ihrem Mitbewohner Max hat sie mit generativen gegnerischen Netzwerken Kunst-fälschungen hergestellt, die selbst erfahrene Händler über-listeten. Ihre Hündin Ina konnte sie durch verstärkendes Lernen belohnen, bestrafen und so trainieren.

Beim Essen mit ihren Großeltern wurde Lisa klar, dass man sich über kostenloses Mittagessen freuen sollte. In der Realität gibt es nämlich wenig umsonst und im maschinel-len Lernen weiß man auch nicht per se, welcher Algorith-mus der beste ist. Genau deswegen hat sie sich auch so viele verschiedene Algorithmen angeschaut: Es gibt nicht den einen Algorithmus, der so mächtig ist, dass er jedes Problem ohne Mühe lösen kann. Wahrscheinlich wird es ihn nie geben.

Aber was wird die Zukunft bringen? Lisa weiß es nicht und wir auch nicht. Was vor zehn Jahren noch unmög-lich schien, ist heute Alltag. Vielleicht wird es den heute „unmöglichen" Problemen ähnlich ergehen. Lisa will auf jeden Fall ab jetzt beim Thema KI mitreden. Weil sie zwei Sachen verstanden hat:

1. Maschinelles Lernen ist kein Hexenwerk. Alle grund-legenden Methoden des maschinellen Lernens hat sie verstanden und kann sie nun ihren Freunden erklären.
2. Wir alle müssen uns darüber unterhalten, wie maschi-nelles Lernen und künstliche Intelligenz unsere Gesell-schaft beeinflussen sollen. Diese Diskussion muss so viele Stimmen wie nur möglich haben. Sie anderen zu überlassen, ist gefährlich.

Natürlich gibt es auch vieles, was Lisa noch nicht gelernt hat. Dieses Buch hat nur die Grundlagen behandelt. Das Brettspiel Go lässt sich mit ihnen allein nicht meistern und auch ein selbstfahrendes Auto kann man so noch nicht bauen. Dafür benötigt man komplexere und mächtigere

Methoden. Diese können auch über das Lernen aus Daten hinausgehen und zum Beispiel Denken, Planen und Wissen behandeln. Doch auch diese hier nicht behandelten Methoden sind Algorithmen, die nach den gleichen Prinzipien funktionieren. Und um mitzureden, reichen auch die grundlegenden Methoden schon vollkommen aus.

Hinter dem, was in den Nachrichten nach autonomen Maschinen klingt, verbirgt sich häufig ein Algorithmus des maschinellen Lernens, der im Sinne einer Regression oder Klassifikation die eintreffenden Daten auswertet. Und auch komplexere Methoden können kein Wissen aus dem Nichts erschaffen. Denn auch diese müssen mit geeigneten und meist aufwendig annotierten Daten trainiert werden, bevor das System „intelligentes" Verhalten zeigen kann. Wenn Ihnen also demnächst die Schlagzeile „KI kann auf Fotos erkennen, wie glücklich Sie sind!" begegnet, wissen Sie jetzt: Irgendein armer Mensch musste vermutlich auf tausenden Porträtfotos einschätzen, wie glücklich die abgebildeten Personen aussehen.

Vor allem die menschliche Intelligenz bleibt beeindruckend. Täglich lösen wir Probleme, die für künstliche Intelligenzen unerreicht bleiben. Wir brauchen nicht tausende Beispiele eines Objektes zu sehen, bevor wir uns dieses merken können. Meistens reicht eines. Wir erkennen nicht nur Muster. Nein, wir verstehen, wie und warum Dinge passieren und haben ein hochkomplexes gedankliches Modell unserer Welt im Gehirn. Dieses können wir benutzen, um ständig dazuzulernen. Wir ordnen neues Wissen ein und übertragen Altbekanntes scheinbar mühelos auf neue Anwendungen. Mit Alpha Go lässt sich dies nur schwer vergleichen. Die aktuellen Erfolge des maschinellen Lernens sind beeindruckend, müssen aber nicht mystifiziert werden.

Wir laden Sie ein, sich selbst ein Bild über die Chancen und Risiken künstlicher Intelligenz zu machen. Mit diesem Buch haben Sie nun die technischen Fakten des maschinellen Lernens, der zur Zeit beliebtesten Methode für künstliche Intelligenz, als Hintergrundwissen in der Hand. So ist, das ist unsere Hoffnung, dieses Buch zu verstehen: Als Handreichung für die Gesellschaft, ihre Vertreter und Forscher anderer Wissenschaftsdisziplinen, um gemeinsam auf Basis der tatsächlichen Technik unsere Zukunft mit KI-Technologie zu gestalten und diese so zu nutzen, dass wir alle ein gutes Leben führen können.

Wo können Tätigkeiten durch KI sinnvoll übernommen und Menschen unter die Arme gegriffen werden? Und wo ist Menschlichkeit ein unersetzliches Gut, welches wir uns bewahren sollten? Wo und wann müssen wir uns Sorgen über den Einsatz autonomer Systeme machen? Und wann kann man diesen vertrauen?

Verstehen Sie dieses Buch als Stütze und Anregung für diese und andere Diskussionen. Wenn Sie sich weiter informieren wollen, haben wir auf www.wie-maschinen-lernen.de weitergehende Informationen zum Thema zusammengestellt.

Lisa nimmt Max die Zeitung aus der Hand und wirft sie in den Papierkorb. Dann lehnt sie sich zurück und nippt entspannt an ihrem Kaffee. „Weißt du", meint sie zu Max, „ich glaube, diese künstliche Intelligenz ist noch gar nicht so intelligent, wie alle immer meinen. Aber selbst eine künstliche Intelligenz würde sich eher an den Putzplan halten als du!"